ずっと続いている！
JN143688
伸びている
このうずまきは
いったい
なんだろう？

出発！
シンメトリーを
さがす旅
P19～
フィボナッチ数列
をさがす旅
P75～
ろな形を
がす旅
03～

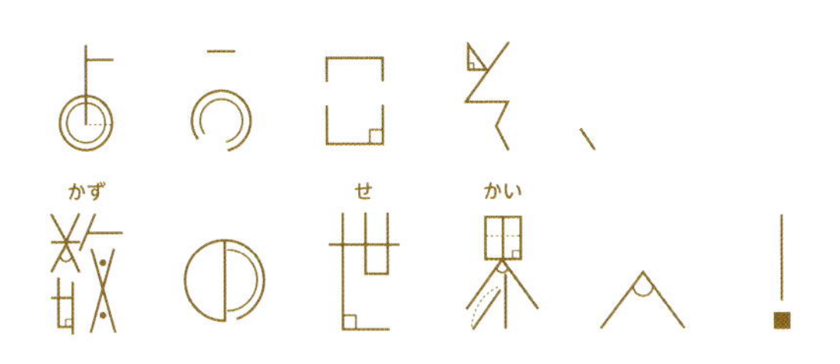
ようこそ、
数の世界へ！

黄金比をさがす旅
P47～

やあ、ワタシはピサというよ。

みんなを魔法でおもしろい旅に案内するよ。

旅ではさまざまな“数”や“形”に出あうんだ。

ちょっとむずかしいかもしれないけれど、

ワタシがいっしょだから安心してね。

旅が終わったときには、

身のまわりにあるものが

これまでとはちがって

見えるようになるはずだよ。

さあ、“数の旅”に出かけよう！

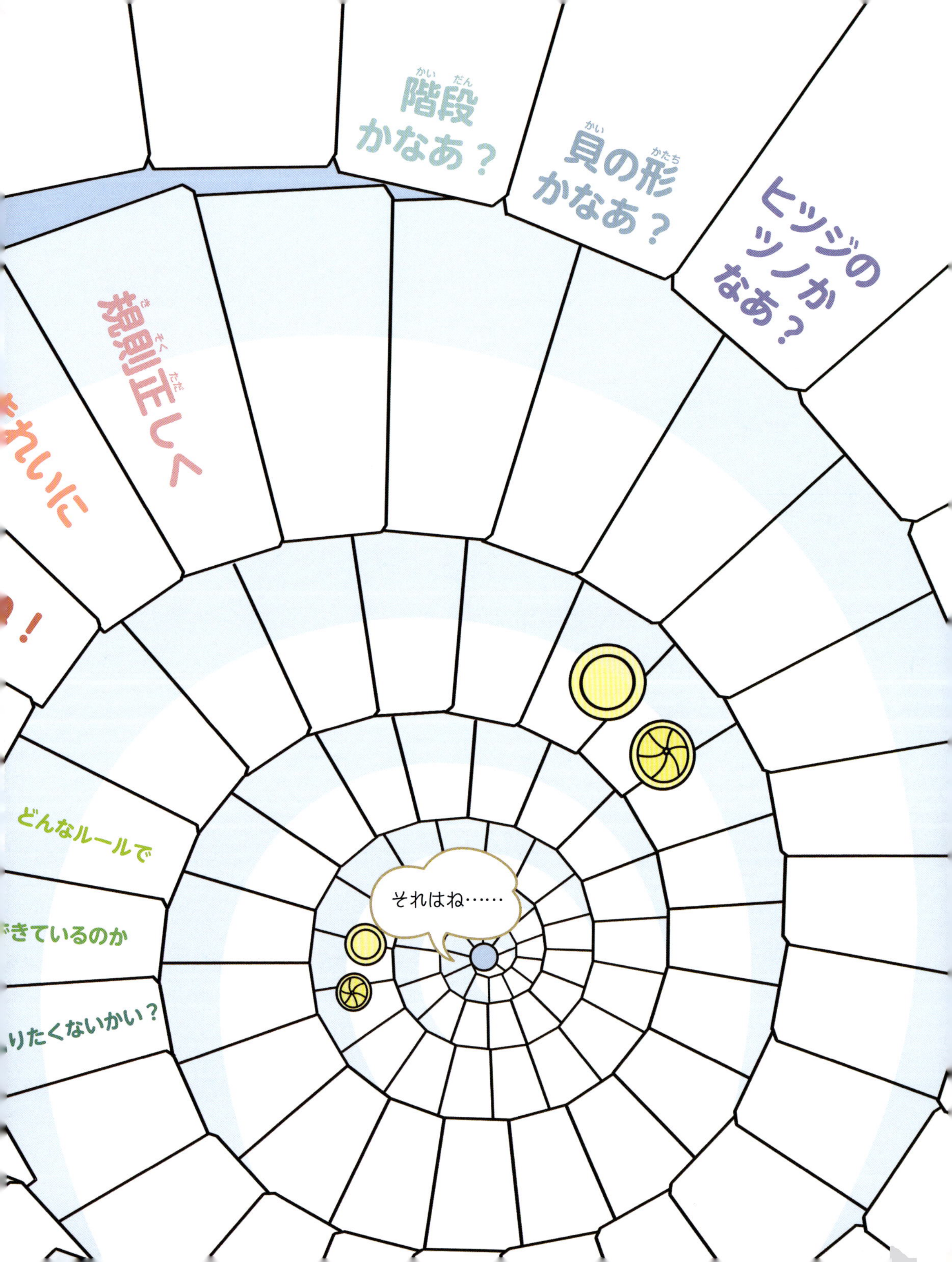

階段かなあ？
貝の形かなあ？
ヒツジのツノかなあ？
規則正しく
れいに
！
どんなルールで
きているのか
りたくないかい？
それはね……

「うつくしい」に隠れた秘密をみつける旅

世界をつくる数のはなし

math channel 代表
数学のお兄さん 横山明日希監修

Mates-Publishing

はじめに

これは絵でしょうか？

それともなにかの図形でしょうか？

答えは、フィボナッチ数列による黄金螺旋というものです。

なんだかむずかしそうな言葉ですよね。

実はみなさんのまわりには、

この図形に関係したものがたくさんあります。

この本では、地球にあるものを
“数”をテーマにして見ていきます。

数字や図形、算数が好きな人も、ちょっと苦手な人も、
本を読み進めていけば、たくさんの発見があり、
数の印象がかわってくると思います。

いっしょに“数の旅”に
出かけましょう。

数の世界に出発

なんか形が変だよねえ
ちょうちょは動いているからむずかしいの
手がきだから仕方ないでしょ

わぁ!
ピカッ
きゃ!

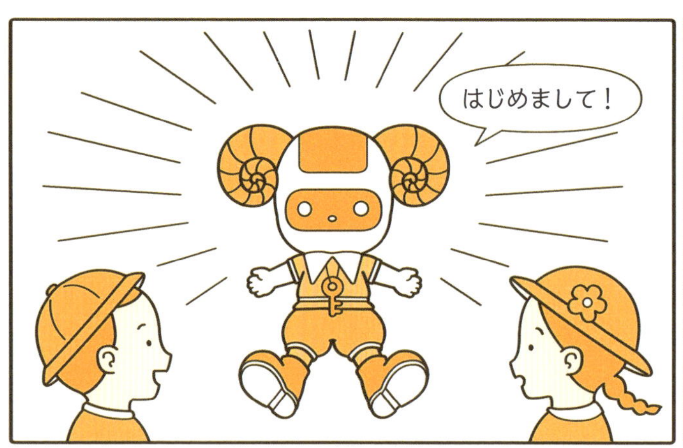
はじめまして!

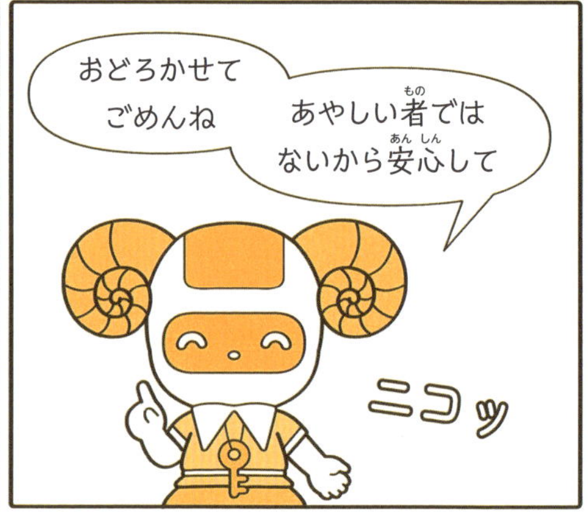
おどろかせてごめんね
あやしい者ではないから安心して
ニコッ

ちょっと
見ててね
チョキ
チョキ

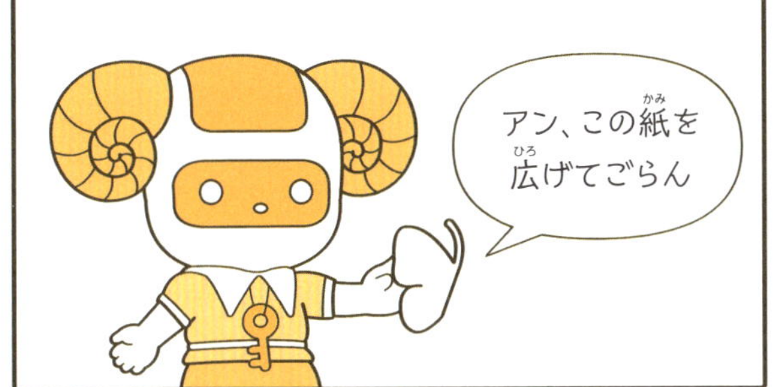
アン、この紙を
広げてごらん

すごい！
形がきれいだ!!

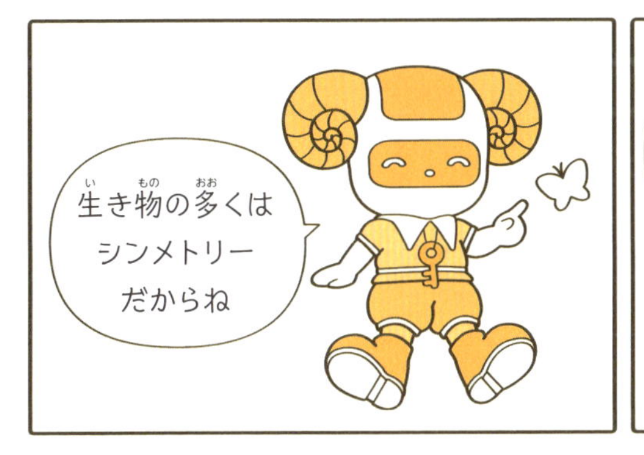
生き物の多くは
シンメトリー
だからね

シンメトリー……
それよりどうして
ワタシの名前を
知っているの？
あなたはだれ？

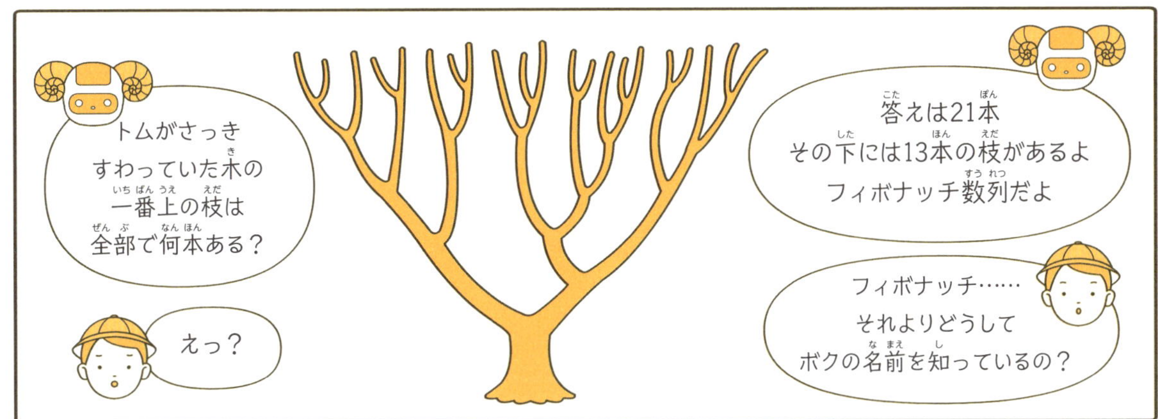
トムがさっき
すわっていた木の
一番上の枝は
全部で何本ある？
えっ？
答えは21本
その下には13本の枝があるよ
フィボナッチ数列だよ
フィボナッチ……
それよりどうして
ボクの名前を知っているの？

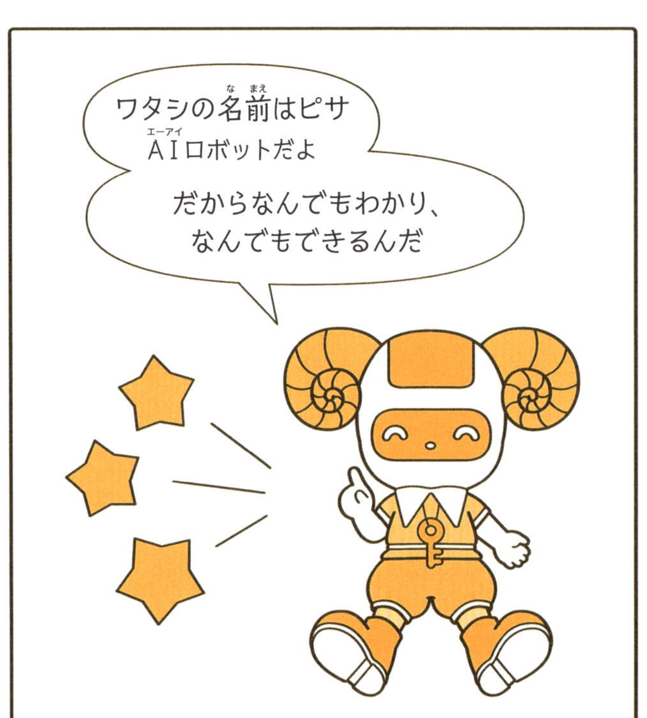
ワタシの名前はピサ
AIロボットだよ
だからなんでもわかり、
なんでもできるんだ

変だ！
変だ！

ではでは

ピカッ

！

ふたりのあやしむ気持ちが消えた！

今から少し
旅をするよ！
ピサが放った光は
魔法だった
アンとトムは
ピサのことを
信用している

夕飯までには
もどってこられるよねえ？
どこへ？

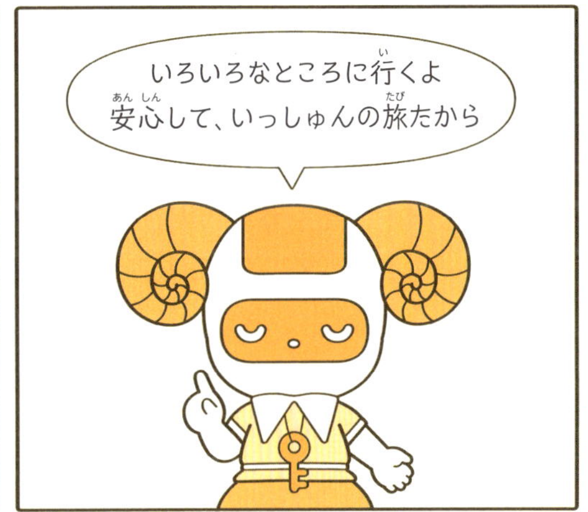
いろいろなところに行くよ
安心して、いっしゅんの旅たから

でも
世界中を旅するよ
数の世界だけどね！
数の世界!?

身のまわりのものを見てみよう！

人間、生き物、植物、建物、乗り物……。

すべて大きさや形がちがうね。

でも本当になにもかもがちがうのだろうか？

大人と子どもの大きさは？

花びらの数や木の枝の数は？

生き物の体のもようは？

建物のタテとヨコの大きさは？

テレビとけいたい電話(でんわ)を くらべてみよう！

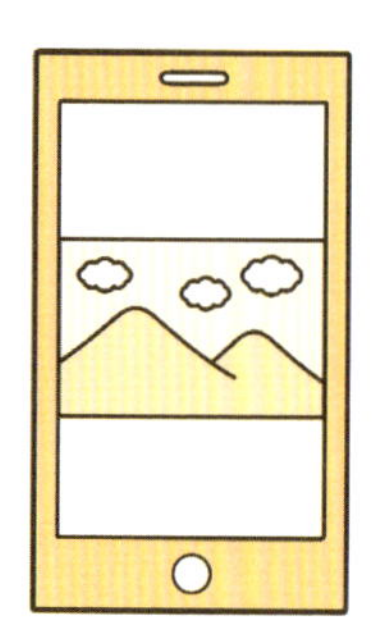

大(おお)きさも形(かたち)もちがうよね。

本当(ほんとう)にちがうのかな……？

けいたい電話(でんわ)をヨコ向(む)きにしてみよう！

けいたい電話(でんわ)を大(おお)きくしてみよう！

あれ？
テレビの画面(がめん)と形(かたち)が同(おな)じ!!

星の形と三角形や五角形をくらべてみよう！

大きさも形もちがうよね。

本当にちがうのかな……？

星の形の中や外に同じ形の三角形や五角形がある！
星の中に小さな星もできた!!

目次

はじめに …… 2
数の世界に出発 …… 4
身のまわりのものを見てみよう！ …… 8
テレビとけいたい電話をくらべてみよう！ …… 10
星の形と三角形や五角形をくらべてみよう！ …… 12
この本の登場人物 …… 18

1章 シンメトリーをさがす旅

シンメトリーってなに？ …… 20
生き物の体を見てみよう …… 22
乗り物や家具の形を見てみよう …… 24
建物の形を見てみよう …… 26
マークや記号の形を見てみよう …… 28
形を上下やななめで見てみよう …… 32

線対称を覚えよう …… 34
点対称を覚えよう …… 36
もののデザインを見てみよう …… 40
シンメトリーをさがす旅はここまで！ …… 42
チャレンジ 切り絵でシンメトリー工作 …… 44
MANABIは発見！ アルファベットをシンメトリーでグループ分けしよう！ …… 46

2章 黄金比をさがす旅

比率ってなに？ …… 48
比率は心をかえる!? …… 50
人間の体を見てみよう …… 52
四角形にも黄金比がある …… 54
三角形にも黄金比がある …… 56
黄金比から生まれる不思議な形 …… 58
建物の比率を見てみよう …… 60
芸術作品の黄金比をさがそう …… 62
身のまわりの黄金比を見つけよう …… 64

黄金比とはちがう比率 …… 66
図形を組み合わせてみよう …… 68
黄金比をさがす旅はここまで！ …… 70
チャレンジ 黄金比のメッセージカードをつくろう！ …… 72
MANABIは発見！ どっちの長方形が落ち着く？ 自分の好みを知ろう！ …… 74

3章 フィボナッチ数列をさがす旅

フィボナッチ数列ってなに？ …… 76
フィボナッチ数列が植物にあった！ …… 78
図形にフィボナッチ数列がある …… 80
植物にある螺旋を見てみよう …… 84
螺旋を持った生き物を見てみよう …… 88
絵画に黄金螺旋を当てはめよう …… 92
身のまわりに黄金螺旋はあるかな？ …… 94
フィボナッチ数列をさがす旅はここまで！ …… 96
チャレンジ 黄金螺旋で絵をかいてみよう！ …… 98
MANABIは発見！ 黄金比は本当に美しい？ …… 102

4章 いろいろな形がある

1つとして同じ形がないもの …… 104
自然物でできる美しい曲線 …… 106
五角形や六角形のひみつ …… 108
生き物の体のもようのひみつ …… 110
生き物が芸術作品をつくる …… 112
ある形が新しい形になる …… 114

数について研究した人 …… 116
数の世界は続く …… 118
この本で出た問題の答え …… 122
おわりに …… 124

この本についての注意

- この本に掲載している写真やイラスト、図形は、見やすさを重視しているため、比率などが異なる場合があります。
- 生き物や植物など自然界と数との関係については、まだ研究で証明されていない内容もあります。
- 比率においては、「約」と表記していないものにおいても、原則、およその数値で記載しています。

この本の登場人物

ピサ

AIロボット。地球のすべてのデータを持ち、いっしゅんで計算でき、光よりも高速で移動できる。だれにつくられたかは不明。しゅみは切り絵。

地球にあるさまざまなものを数と結びつける旅に出かけるよ。みんなもアンやトムといっしょに考えながら旅をしてみよう。「へえ！」「そうなんだ!!」と感じたら、みんなの旅は成功だよ。

アン

小学4年生。とてもまじめだが、こだわりが強すぎるところもある（かみの毛の三つあみを左右でそろえるのに時間をかける）。算数と洋服が大好き。

トム

小学4年生。ぼうけん家になるのが夢で、いつも望遠鏡を持って出かけている。遠くばかり見ているので近くのものに気づかない。木のぼりが得意。

1章

シンメトリーをさがす旅

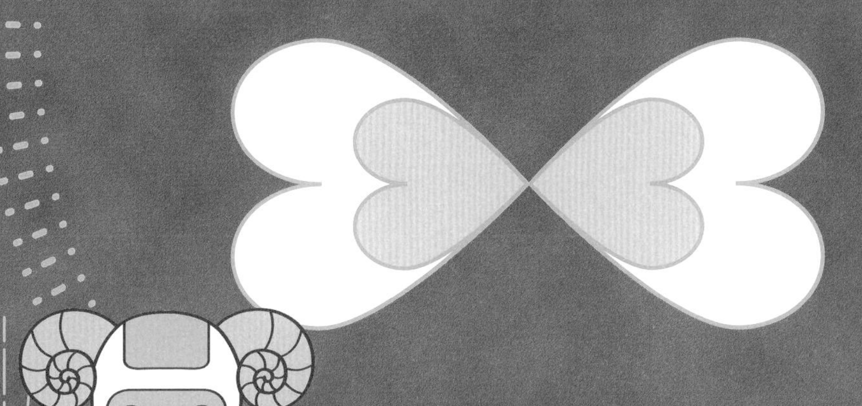

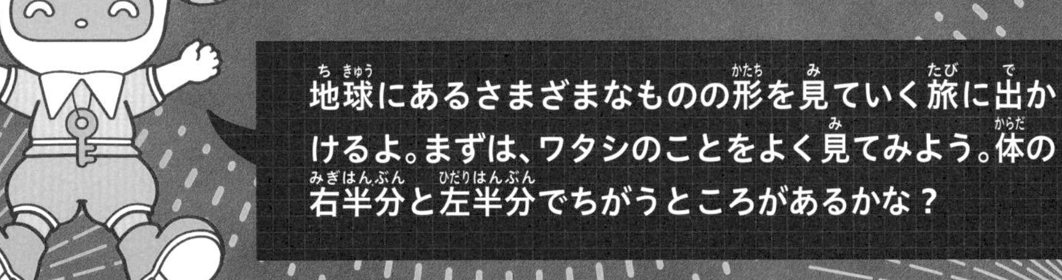

地球にあるさまざまなものの形を見ていく旅に出かけるよ。まずは、ワタシのことをよく見てみよう。体の右半分と左半分でちがうところがあるかな？

シンメトリーってなに？

古い時代から世界中でさまざまな形に用いられている法則があるよ。
シンメトリーは日本語で「対称」という意味なんだ。

ものの中心に線を引いて右と左がまったく同じ

本を開いてみよう。それではもう一度閉じてみよう。本は右と左のページの大きさや形がまったく同じだよね。これを「左右対称」といって、英語では「シンメトリー(symmetry)」という。もし、本の右と左の大きさや形がちがったら安定感が悪く、見た目もきれいではないよね。

では、みんなのまわりにあるものを見てみよう。左右対称の形のものがあるはずだよ。例えば、手を合わせてみて。同じ大きさと形だよね。そう、人間の体も左右対称なんだ。ほかにも生き物や建物、乗り物、家具、文字、記号、図形など左右対称なものがたくさんあるんだ。それらを見て、どんな印象を受けるかな？

また、シンメトリーは、タテの中心線の右と左が同じ大きさや形だけでなく、ヨコの中心線の上と下が同じものや、そのものを回転して同じ形になるものもあるんだ。まずは、左右対称のものについて説明していくよ。

人間の体で見てみよう！

目や耳など

まったく同じではないけれど、左右の同じ位置にあり、大きさや形も同じ。

筋肉や皮ふ

体の左右を同じように使っていれば、筋肉も皮ふも同じ。

体の形

人間の体は骨でささえられている。これを骨格という。骨格は左右対称になっている。

体の中以外は左右がほとんど同じなんだね！

ほかの生き物はどうかなあ？

※生まれつきにより、また体の各部分の成長スピードのちがいにより、かならずしも左右対称になっていません。

生き物の体を見てみよう

動く生き物を正面や真上から見ることはなかなかできないよね。
生き物の体は、人間と同じように左右対称なのだろうか？

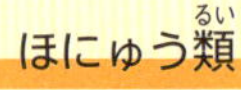

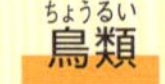

魚類

虫

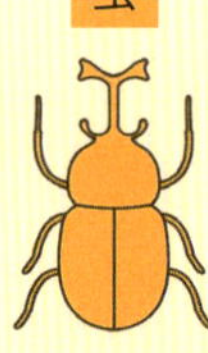

左右対称だと安定した動きができる

ヘビはくねくねと動いているから、どんな体かわかりにくいよね。じつはヘビの体をまっすぐにしたら右と左でほとんど同じ形なんだ。ライオンやイヌ、ネコ、鳥、魚、虫などの生き物のほとんどが左右対称の体になっているよ。右と左が同じだから安定した動きができるんだ。

人間には右ききと左ききがあるよね。これは脳のしくみによって使いやすさに差が出るのが理由。右ききの人は右手を左手より多く使うから、筋肉の大きさがかわってきて左右対称ではなくなる。生き物の多くも同じような特性をもっているよ。もし、左右で少しちがいがあったらこの性質が関係しているのかもしれない。

ただし、地球に生命が誕生した約40億年前ごろには、左右対称ではない生き物もいて、現在にもそんな生物が見られるよ。

▶海の中に不思議な形をした生き物がいる

海には左右とは別の種類のシンメトリーな生き物がいるよ。右の絵のミズクラゲは、どこが正面かわからない不思議なすがただね。じつは、体のある部分に線を引いて分けられた部分が同じ形になるよ。この線は1つではないんだ。

チョウは種類によって、また個体によってもようがさまざま。よく観察すると、このもようも左右で同じ。体が成長するときに、羽も左右で同じもようになっていく。

形だけでなく、
もようも左右対称だね！

ピクサクイズ
カタカナや数字、アルファベットで
左右対称の文字をさがそう。
正確にかいた字で左右が同じ形のものをさがそう。カタカナのハは一画目ははらい、二画目は少し短くて止めるので、似ているけどちがうよね。
ハ
タテ半分におって
重なる文字だね！
ひらがなや漢字は
ダメだよね

乗り物や家具の形を見てみよう

家や学校、まちにも左右対称のものがあるよ。
乗り物や家具など大きなものの形はどうかな？

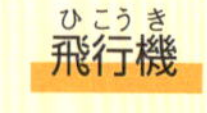

電車

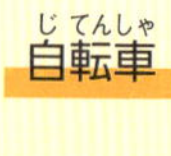

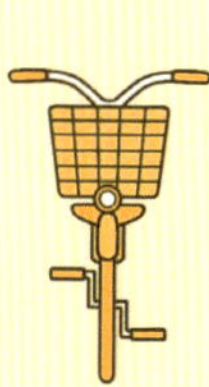

スムーズに安全に走行するためのバランス

自転車に乗っているときのことを思い出してみよう。もし、タイヤやハンドル、フレームが曲がっていたり、右と左で形や重さがちがったりしたら、運転するのがむずかしく、きけんだよね。自動車や飛行機、電車も同じように安定した走行ができるように左右対象につくられている。でも、自動車の運転席は右か左のどちらかだけ。ほかにも左右でついているものや、車の内部も左右でこうぞうがちがう。ただ、形がちがっても重さが左右で同じになるように設計されているんだ。

つくえやいす、ベッドといった家具も安定感が大切だから、左右で同じ形のものが多い。左右対称の形は見た目にも心を落ち着かせる効果がある。手づくりの家具で左右が対象になるのは、つくる人のぎじゅつが高いからだよ。

▶左右で形がまったくちがう乗り物もある

工事現場で見るショベルカーは、運転する人がショベルの様子が見えるように、運転席の部分が左右のどちらかに設置されている。走行中や作業中にかたむかないように重さを計算してつくられている。

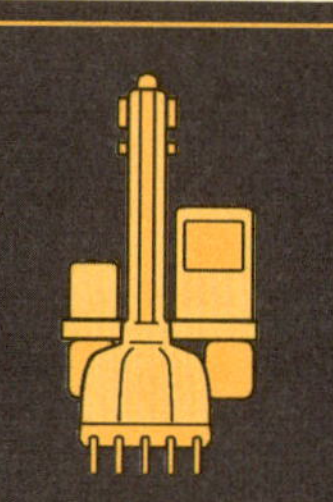

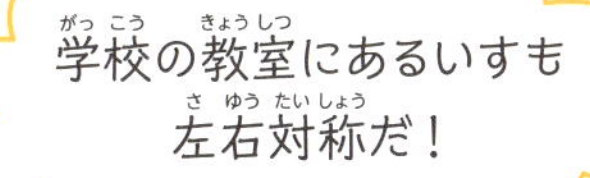

学校の教室にあるいすも左右対称だ！

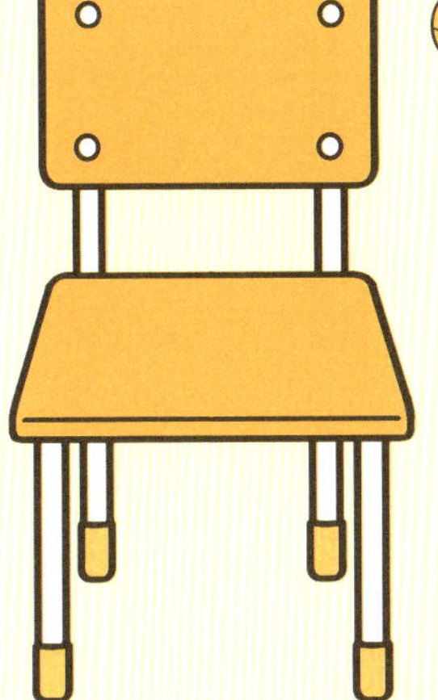

もし左右対称でなかったら？

安定していないと転んでしまう……

姿勢も悪くなりそう……

ヨコから見るとどうかな？

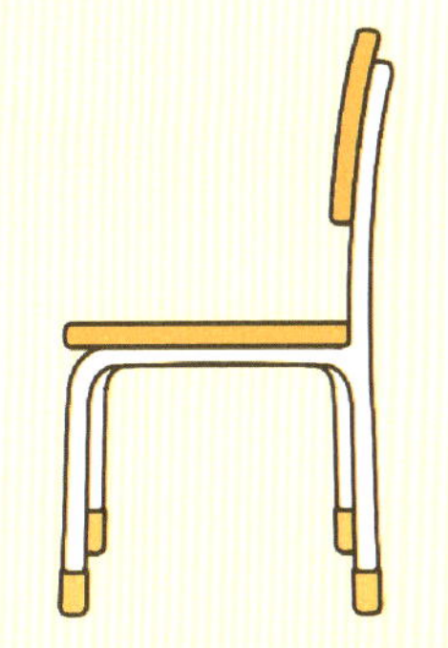

左右対称ではない！背もたれがないとあぶないね

このいすはどう？

どこから見ても左右対称だ！

いすは置いているときだけでなく、人がすわったときにも安定したじょうたいになるようにつくられている。そのうえでデザインも考えられているんだね。

建物の形を見てみよう

家はいろいろな形があるけれど、その中には左右対称のものもある。
昔の建物でも左右対称のものが見つかったよ。

ピラミッド

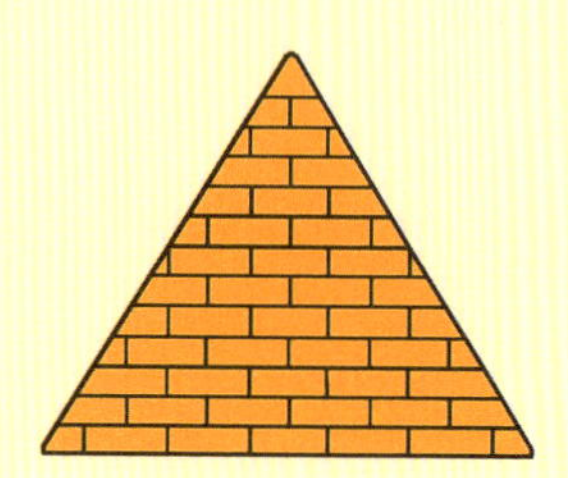

城

ビル

位置や形のかんかくが同じで調和がとれたデザイン

みんなの学校の校舎はどんな形をしているだろうか？　左右対称の校舎もあれば、そうでないものもあるだろう。学校の校舎だけでなく、病院やホテル、商業ビルなどは四角形のものが多い。その理由はさまざまあるが、四角形の建物は柱などを同じかんかくにでき、安定感がよく、地震のゆれにも強い設計にできるといわれている。

また、左右で窓が同じ高さとかんかくでならんでいると、調和のとれた見た目になる。“数の力”は見た目の印象にも関係しているんだ。

現代にも残っている古い建物の形

日本には城がたくさんある。修理をして建物を長い期間、保ってきているよね。左右対称の建物は安定感があるから、昔から好まれてきたのかもしれない。エジプトにあるピラミッドは、何千年以上も前にできた建物で、石をつみ重ねてつくられたもの。現代のような工事の機械がなく、巨大な建物を左右対称につくるのは大変だっただろうね。

インドにある世界遺産の寺院で、世界中から多くの観光客がおとずれている。門を入ると水路と園庭が左右対称でつくられており、その先にある建物も左右対称になっている。ここを訪れた人は、その美しいすがたに感動するんだって。

ピサチャレンジ
トランプでタワーをつくろう!
トランプ2枚を山形に置き、同じようにヨコにならべていく。その上にトランプをねかせて置き、さらに山形にしたトランプをつみ重ねていく。むずかしい場合は、ヨコにならべる数をへらそう。
2枚のトランプを同じようにかたむけるのね!
くしゃみするとくずれてしまうね……

マークや記号の形を見てみよう

交通標識はたくさんの種類がある。
その中には左右対称の形をした標識もあるよ。

ここでは、タテの中心線でおって、ぴったりになるものだけをさがそう！

※文字が入っているものは、どれも左右対称にならないので注意。

地図記号だよ。タテの中心線でおって、ぴったりになるものはあるかな？

⇒ 答えはP122

絵文字にも左右対称なものがあるね

ハンコにしたら左右対称になる漢字の名前がある！

マークや記号は見やすくわかりやすい形

毎日の生活でマークや記号をどれだけ見ているかな。例えば小学校の通学路で「文」という記号があるよね。これは小学校や中学校のマーク。左右対称だね。交通標識や地図記号のほかに、トイレのマークや電話のフリーダイヤルマークなど、左右対称になっているものがあるよ。ふくざつな形だと理解するのに時間がかかるよね。

ピクサクイズ
これはなんのマークでしょう？
マークではないよ。みかんをヨコに半分に切ったときの断面だよ。みかんによっては左右対称に見えるものがあるかもしれないよ。
きれいな形だね！

形を上下やななめで見てみよう

ここまで左右対称のものを見てきたけれど、
シンメトリーには上下対称や、回転させて対称になるものもあるよ。

ヨコの中心線で上下が同じ形になるもの

ノートパソコンは、キーボードのある面と、モニターの面の形が同じで、上下でおりたたむと、ぴったり合う形をしている。さいふや手かがみなども同じ仕組みになっているものがあるよね。

自然の中にも上下対称のものがあるよ。有名なのが湖にうつった富士山で「逆さ富士」とよばれるもの。山の形は左右で少しちがうけれど、水面にうつった富士山は、上下でまったく同じ形(見る角度によってはかわる)だね。湖にきれいにうつしだされるには、気象条件がそろっている必要がある。だから見られたらラッキーだね。きっと写真をとりたくなるよ。

 180度回転させて同じ形になるもの

トランプの多くのカードが、180度回転させても（上下さかさまにしても）同じ形になる。これもシンメトリーとよぶよ。タテやヨコの中心線でおってぴったり重ならなくてもシンメトリーの形があるということ。文字やマークでよく見られるよ。

28〜30ページのマークや記号で左右対称にならなかったものの中に、上下対称や、180度回転させると同じ形になるものがあるよ。さがしてみよう。

ダイヤのトランプを180度回転させる（上下さかさまにする）とどうなるかな？

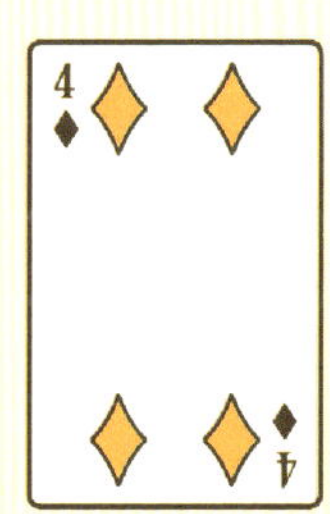

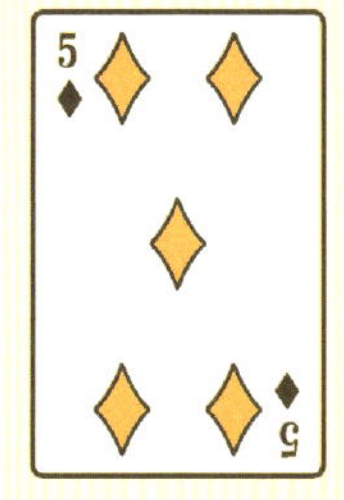

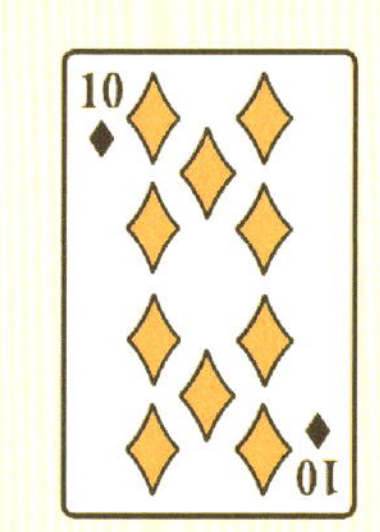

上のトランプでは7が同じ形にはならないね！

※トランプのデザインによってかわる。

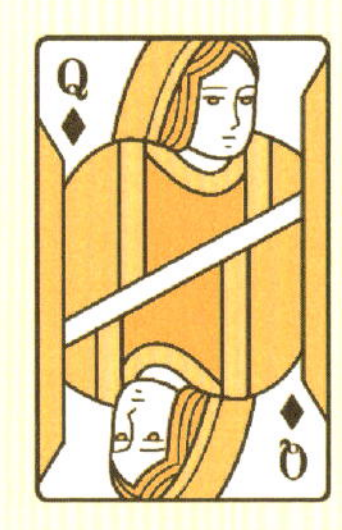

線対称を覚えよう

身のまわりにはさまざまなシンメトリーの形のものがあったね。
ここでは、左右対称や上下対称になっているものを説明するよ。

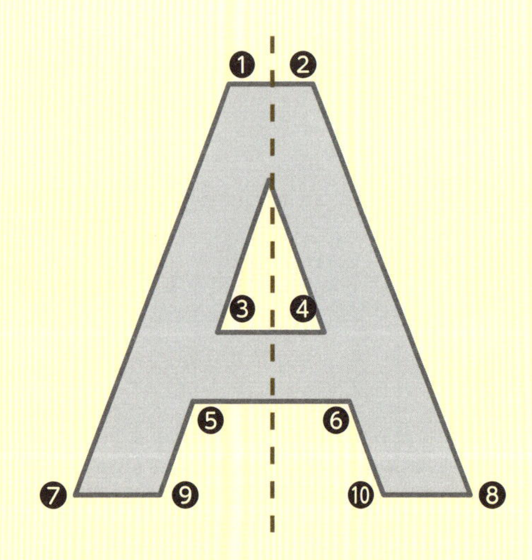

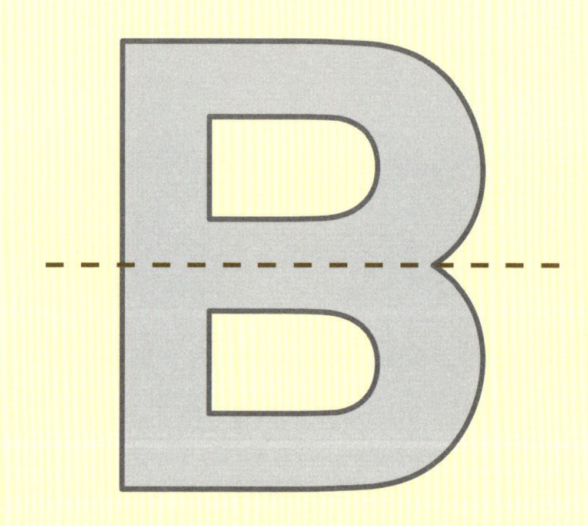

1つの直線をおり目にしておったとき、両側がぴったり重なる図形

シンメトリーは「対称」という意味で、対称になるものはいくつか種類がある。その中の「線対称」は、タテやヨコの中心線で半分におるとぴったり重なるもののこと。例えばアルファベットの「A」にタテの中心線を引くと、左右で形が同じなのがわかるよね。上の図にある❶❷、❸❹、❺❻、❼❽、❾❿の角がぴったりに重なる。ヨコの中心線で半分におるとぴったり重なる図形も同じで、例えば、アルファベットの場合は「B」が線対称になるね。ほかにもあるよ。

四角形や三角形のほか、線対称の図形はたくさんある。線対称のどの図形も、重なる部分の辺の長さや、角の角度が同じ。定規や分度器を使えば、線対称の図形をかくことができるね。また、左右も上下も対称になる図形もある。家や学校、まちにどんな線対称の形があるかをさがしてみると楽しいよ。

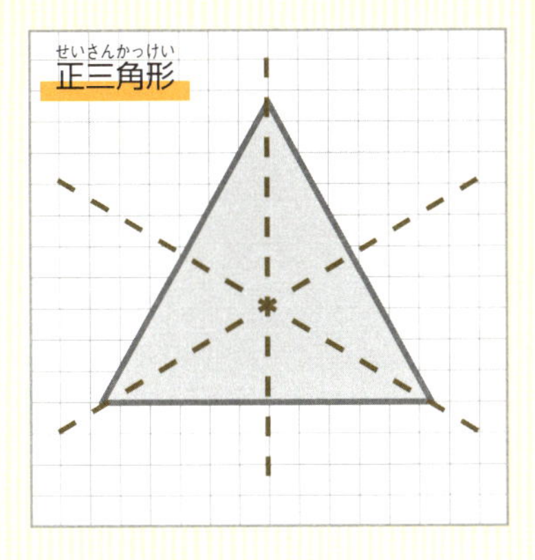

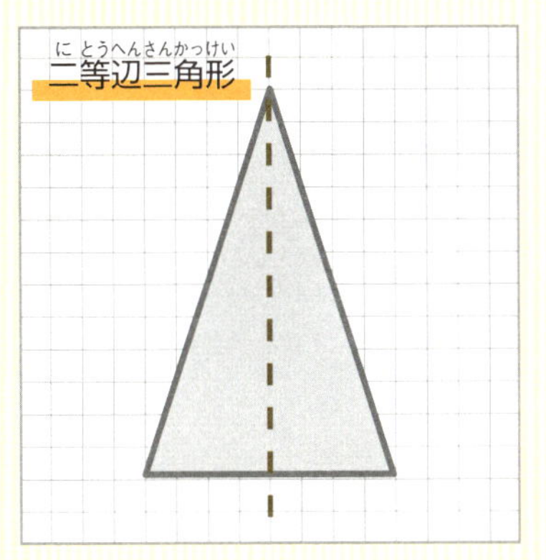

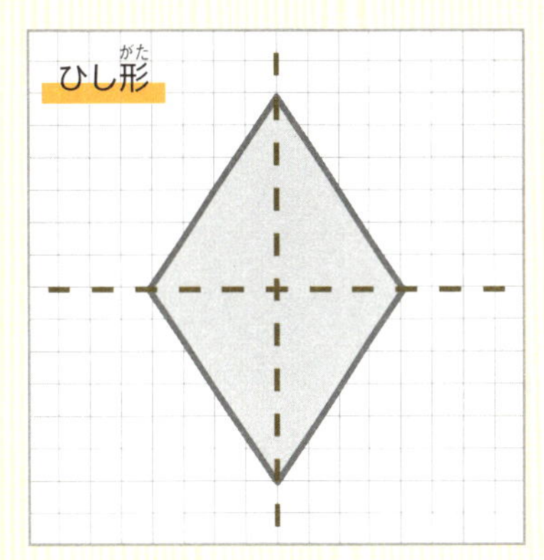

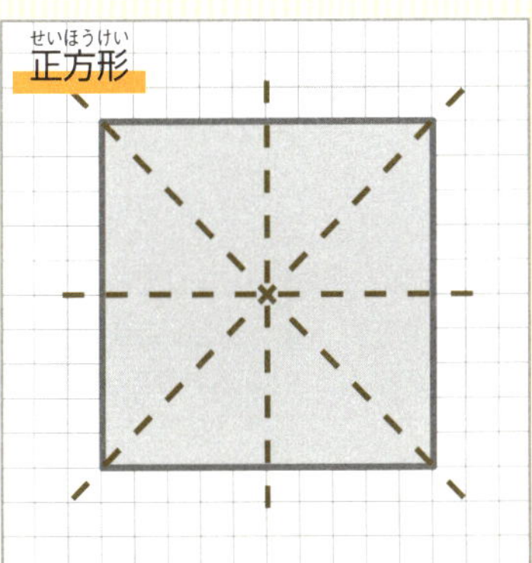

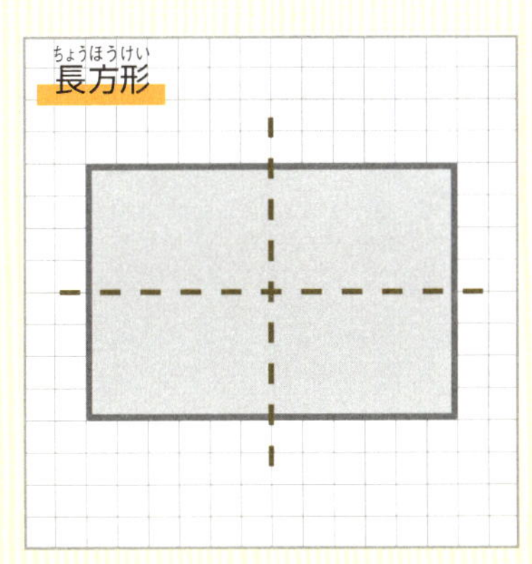

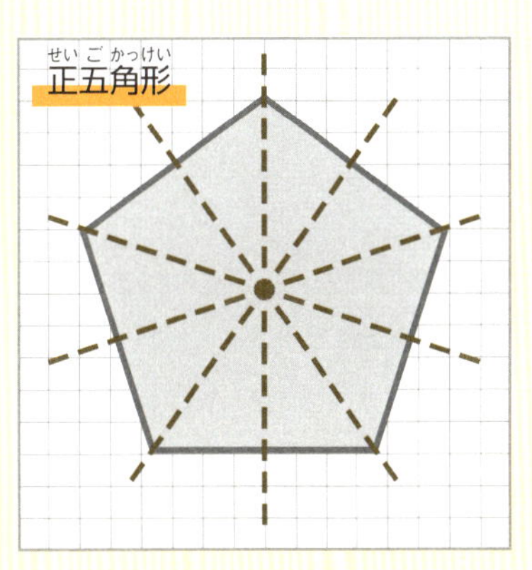

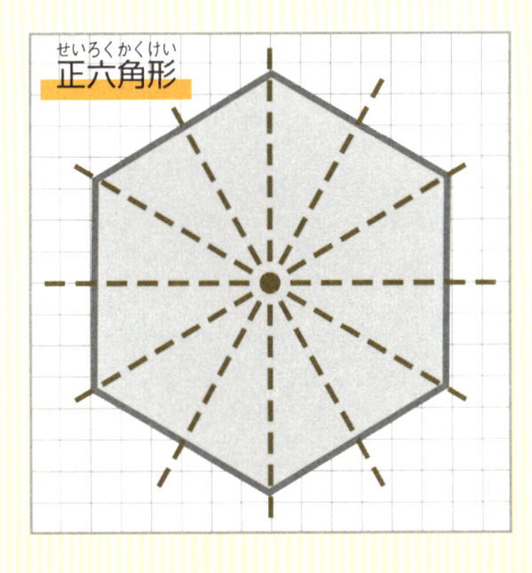

1つの図形もタテやヨコに
中心線を引くと、
いくつかの図形になるね

図形によっては対称になる
中心線がたくさんあるね

点対称を覚えよう

あるものを180度回転（上下さかさま）にすると
同じ形になるものがあったね。くわしく説明しよう。

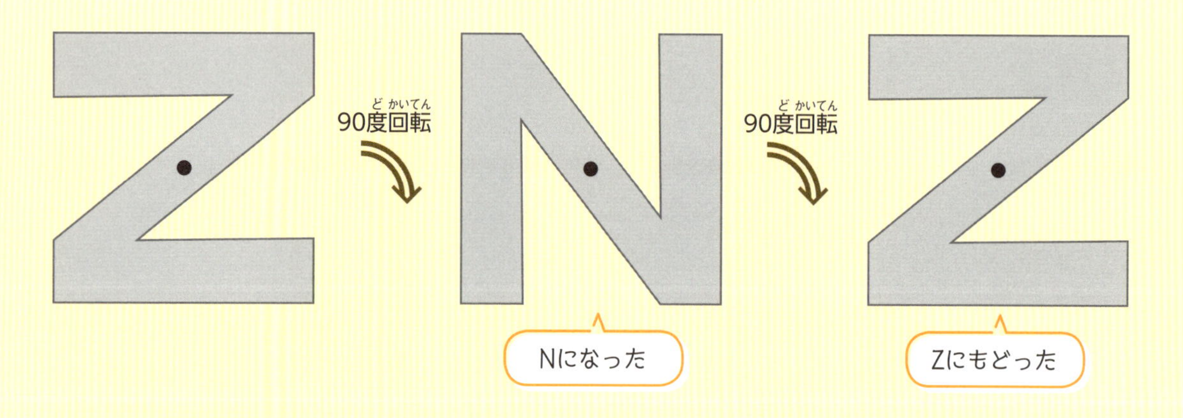

ある点を中心にして180度回転させて同じ形になる

正方形はタテの中心線で左右が同じで、ヨコの中心線で上下が同じ形。この正方形を180度回転させると元の形になるよね。では平行四辺形はどうだろう。タテ、ヨコとも中心線でおっても同じ形にはならない。ただ、180度回転させると、元の形と同じになるよね。これを点対称というよ。

点対称は図形だけではない。例えばアルファベットのZやN、Sも点対称だよ。正方形や正円、アルファベットのH、I、O、Xは左右と上下の線対称であり、点対称でもある形だね。

180度ではなく、何度か回転させて元の形と同じになるものもあるよ。例えば☆の形は72度回転させると元と同じ形になるね。こういう図形を回転対称というよ。

どの図形もタテ半分、ヨコ半分にしてもぴったり重ならないね。
では、図形に記した「●」を軸にして180度回転したどうなるかな？

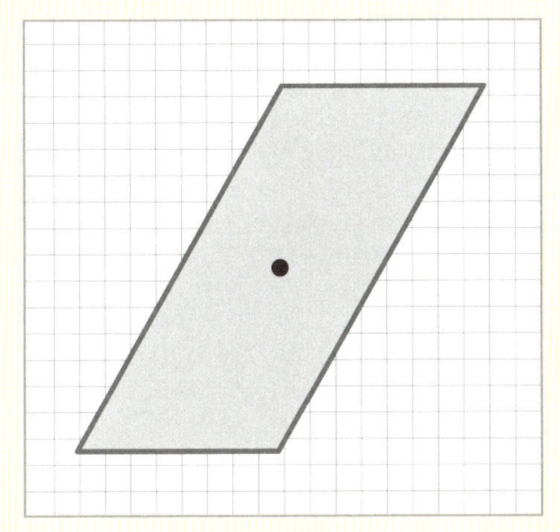

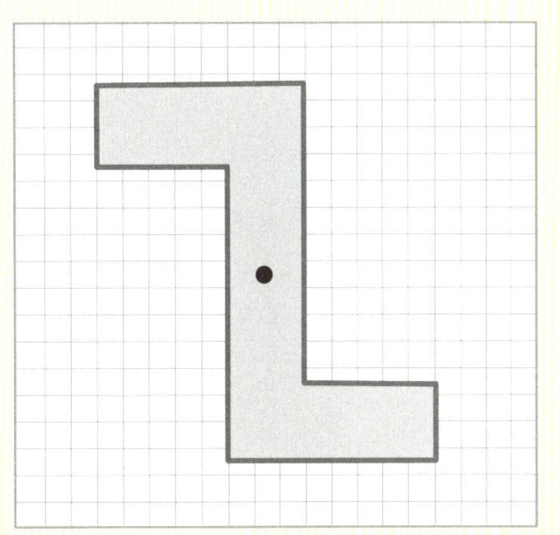

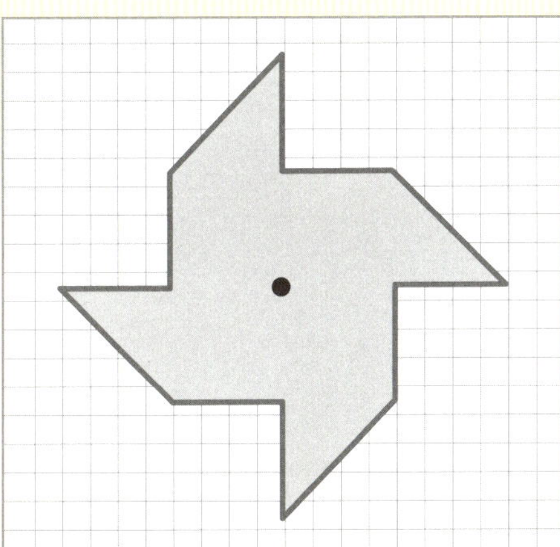

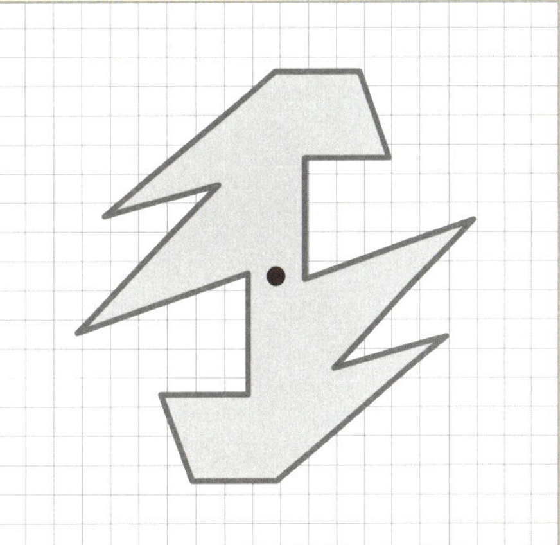

タテやヨコの中心線でおってぴったり重ならなくても
シンメトリーの図形ってあるんだね！

トランプのダイヤも点対称（33ページを確認しよう）。
ダイヤ以外にも点対称になるものが何枚かあるよね

※スペード、ハート、クローバーは2、4、10、11、12、13が点対称。ただし、トランプのデザインによってかわる。

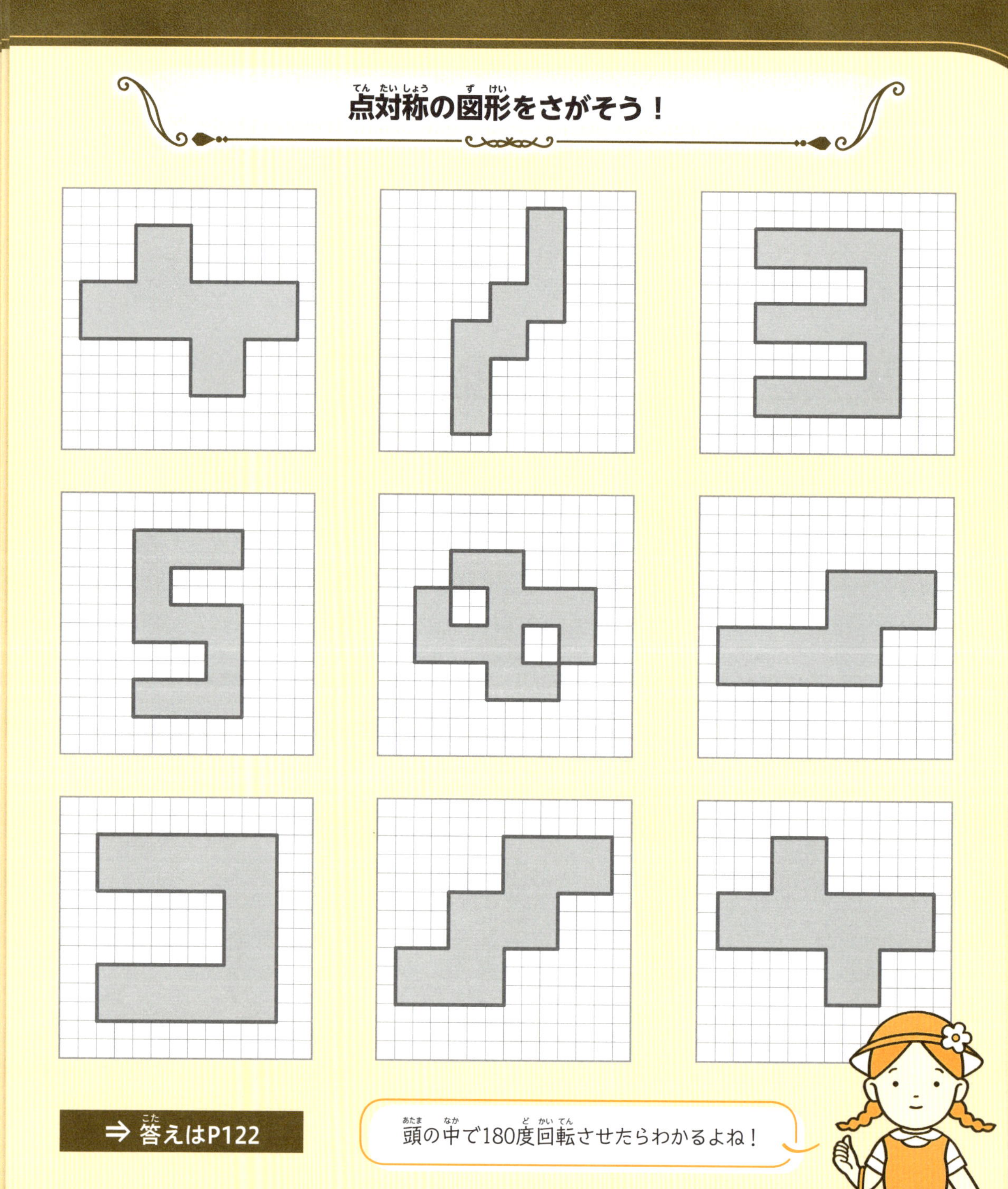
点対称の図形をさがそう！
⇒答えはP122
頭の中で180度回転させたらわかるよね！

点対称のマークや記号、ものの形をさがそう！

頭をさかさにして見るとわかるね！

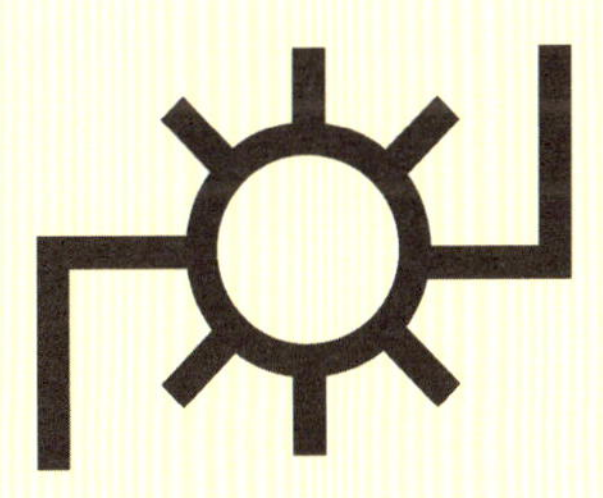
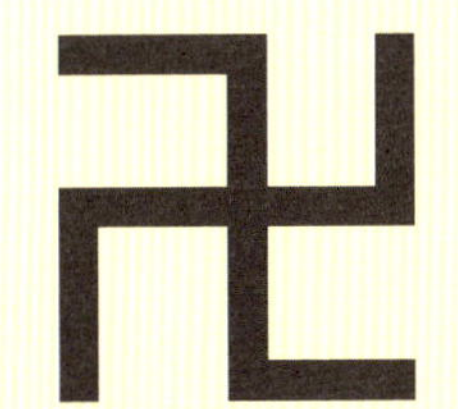

⇒ 答えはP122

アンと同じように頭の中で回転させると、脳のトレーニングになるよ！

もののデザインを見てみよう

シンメトリーの形は、芸術作品や商品など、
さまざまなもので活用されている。

心にも関係しているシンメトリーのとくちょう

調和がとれた形は、見てすぐに理解できるため、心を落ち着かせる効果があるともいわれている。上の絵は左右も上下も対称で、180度回転しても同じ形になるよ。細かくかかれたものだけれど、バランスがとれた絵に見えるよね。シンメトリーが芸術作品や商品パッケージ、ポスターなど、さまざまなデザインに取り入れられているのは、こうしたとくちょうがあるから。

みんなが通っている学校の校章はどんなデザインかな？　シンメトリーのデザインになっているものもあるかもしれないね。会社やお店のマークにもシンメトリーのものがたくさん見られる。まちにあるかんばんにかかれているマークで、遠くからでもすぐにわかるものもあるよね。

みんなのまわりに、どんなものがあるかさがしてみよう。

世界の国旗にシンメトリーがあるか見てみよう！

下にあるのは、いろいろな国の国旗だよ。この中で、左右対称でも上下対象でもあり、さらには点対称（180度回転しても同じ形）でもあるものを4つ探そう。　※色は関係ありません。

イギリス

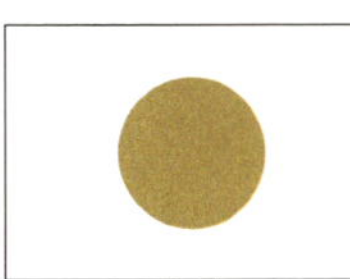
日本

フランス

ジャマイカ

スイス

アルゼンチン

エチオピア

パラオ

全部がシンメトリーに見えるけど……

半分はシンメトリーではないってことだよね……

⇒ 答えはP123

国旗のタテとヨコの長さの割合は、その国で決めることができる。たくさんの国旗を並べるとき、同じ割合の長さにするために、その国で決めたものとはちがう形になることもある。四角形ではない国旗もあるよ。

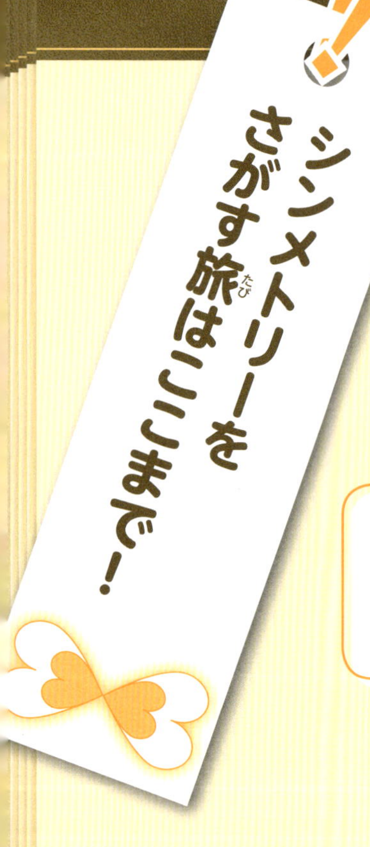

シンメトリーをさがす旅はここまで！

アンとトムは
シンメトリーを理解できただろうか？
ちょっとむずかしいかな

左右対称と上下対象、
あと180度回転して
同じ形になるものも
シンメトリーだよね

身のまわりに
シンメトリーのものが
たくさんあったね！

アンの考えたシンメトリーの問題

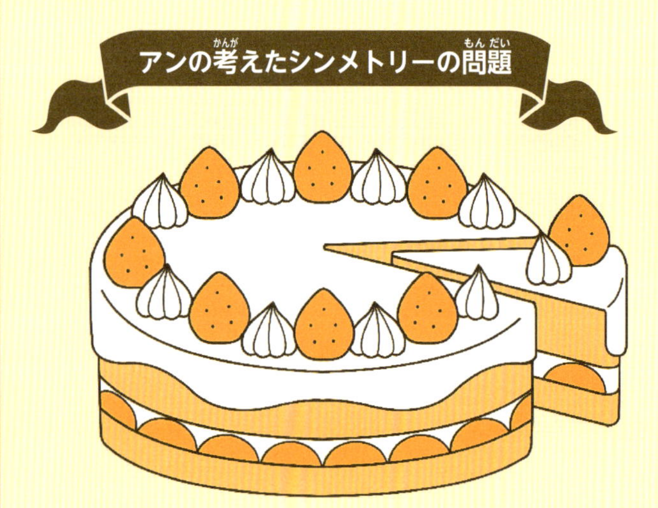

まるいケーキを12個分、
同じ大きさに切ったよ
ワタシが食べる１つを
取ったら形がかわるよね
線対称にするには、
どの部分を取ればいいか
わかる？

正解したらそれを
ボクが食べるからね

ここでは、いちごとクリームの形は考えなくていいよ。すると、答えは1つではないよね！

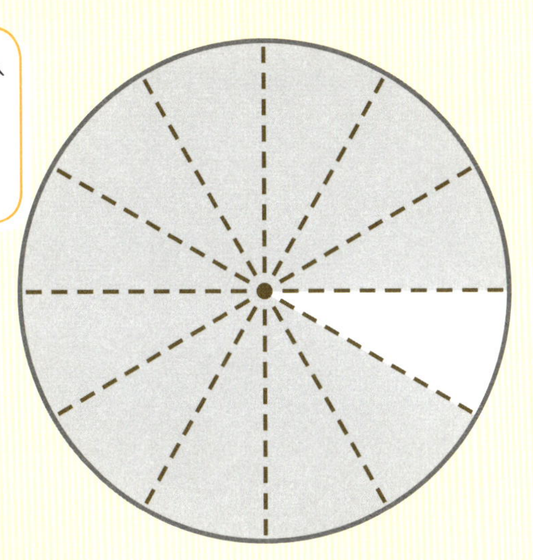

みんなはもうわかったよね！

上から見るとこんな形だから……

じつは、どれを取っても線対称になるよ！

いちごをタテ半分にした切り口のもようも線対称に見えるね！

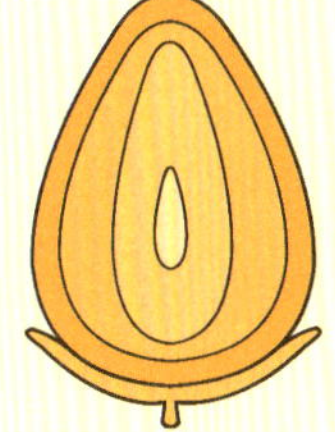

よし　次の旅に出発しよう！

まんまるはどこに線を引いても、どれだけ回転させてもシンメトリーなんだね

ねえ、ピサ次はどんな旅？

チャレンジ

切り絵でシンメトリー工作

ワタシは切り絵がしゅみ。紙を半分におって、好きなマークや絵の半分をえがき、はさみでチョキチョキ。おった紙を広げるとシンメントリーな絵の完成！

作り方

1 おりがみなど紙を用意して半分におる。

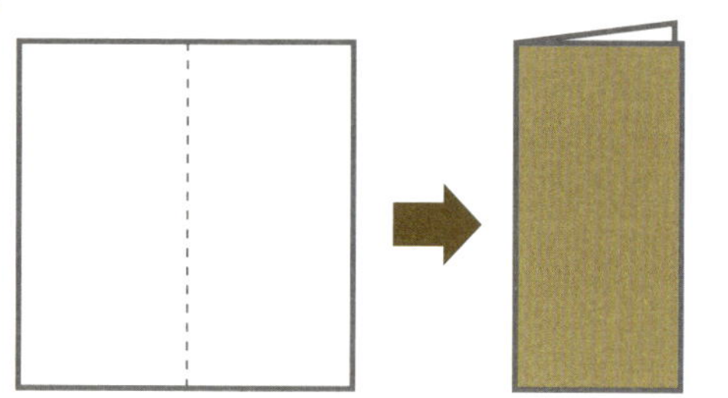

2 好きなマークや絵の半分をかく。

最初は♡や☆などかんたんな形でチャレンジしよう！

3 線をはさみで切る。

なれてきたら線をかかなくてもできるよ！

4 紙を広げる。

自分をつくりました！

これならシンメトリーなひまわりもつくれそう

ちなみにひまわりの花びら（花弁）は1,500～2,000枚あるよ。それにちょっとふくざつで……

正方形の紙を用意しよう。下の絵をコピーして使ってもいいよ！

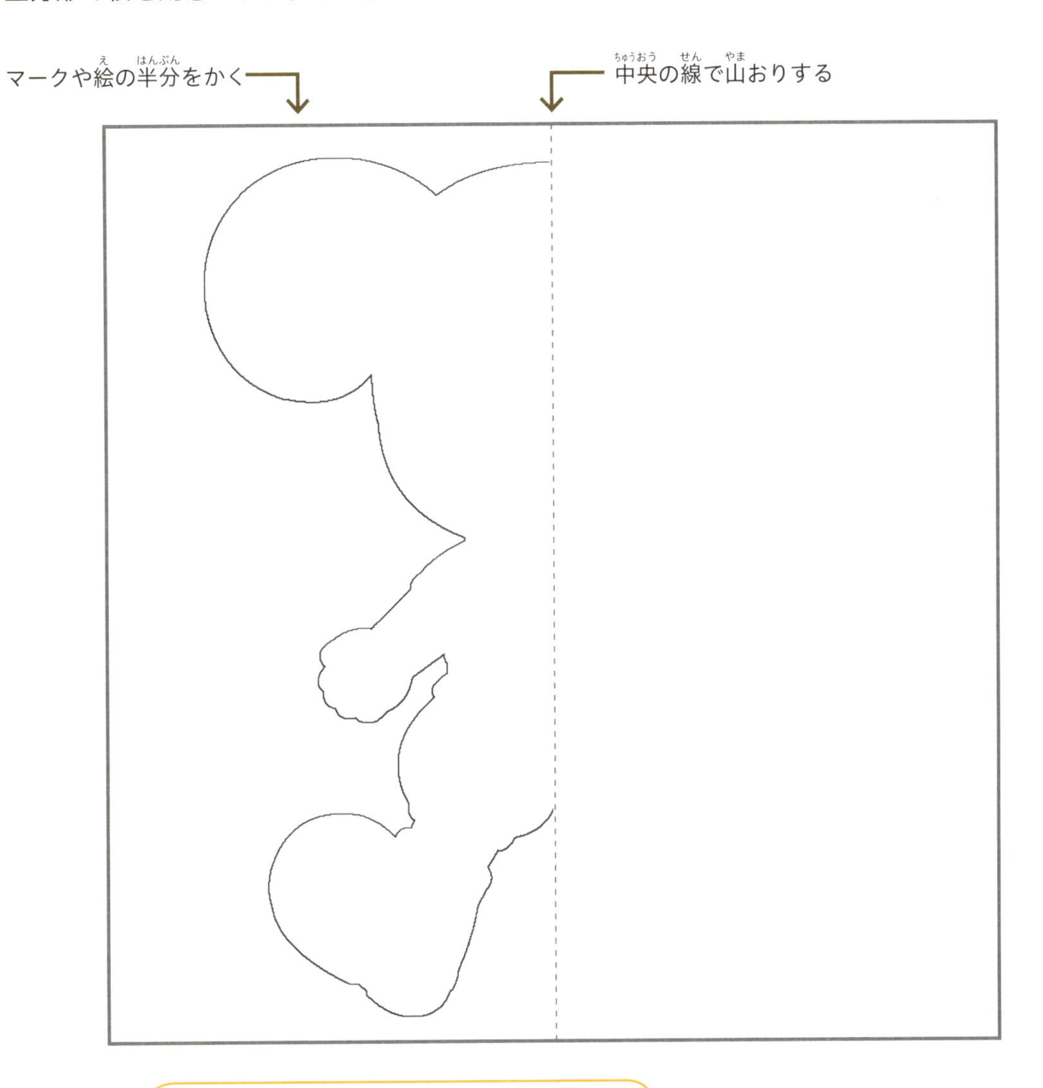
マークや絵の半分をかく
中央の線で山おりする

あつみのある紙にはればカードになるね！

そうだね。どちらかの面にメッセージを書くといいよ！

MANABIは発見！

アルファベットをシンメトリーでグループ分けしよう！

このページをコピーした紙に
アルファベットを書いていこう！

A B C D E F G H I J K L M

N O P Q R S T U V W X Y Z

線対称だけのもの

点対称だけのもの

線対称と点対称の両方のもの

シンメトリーではないもの

⇒ 答えはP123

2章

黄金比をさがす旅

形の美しさには、バランスが関係している。
そのバランスには決まった法則があるよ！

比率ってなに？

四角形のタテとヨコの長さが同じものは、正方形。長方形は長さのちがいで形がかわるよね。2つ以上の数の大きさの関係に注目してみよう。

2つ以上の数の大きさをくらべたときの割合

長方形を例にすると、タテの辺が1cm、ヨコの辺が2cmの場合、タテとヨコが1：2（「1対2」と読むよ）という比率になる。タテの辺はそのままで、ヨコの辺を4cmにすると、1：4の比率になって形がかわるよね。比率はさまざまな数で表されるので、図形以外でも使われるよ。例えば、1dLのコーヒーに、2dLの牛乳を入れたら、1：2の割合のコーヒー牛乳と表すことができる。

比率はさまざまなことに活用され、あらゆるものの形にも比率が関係しているよ。家や教室のまどを見てみよう。タテとヨコの長さはどうかな？　壁の高さとまどのタテの長さをくらべるとどうかな？　また、比率が決まっていると、同じものをほかの人がつくることもできるよね。比率は便利なものなんだ。

数には長さや重さ、
分量などさまざまな
大きさの種類があるよね
比率によってなにが
かわるのだろう……

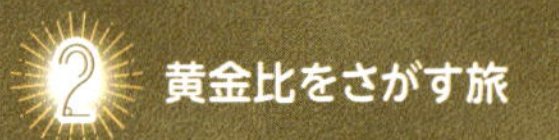

小学校から高校を卒業するまでの期間で見てみよう！

小学校、中学校、高校それぞれの期間	6年	3年	3年	⇒	6：3：3
小学校と、中学校、高校の期間	6年	6年		⇒	6：6
小学校と中学校、高校の期間	9年		3年	⇒	9：3

小学校ですごす期間がどれくらい長いか説明できるかな。中学校や高校の期間とくらべると、長いことがわかりやすくなるよね。たくさんの数の大きさがあるとき、１つの数の大きさが全体のどれくらいであるかを知るためにも比率が役立つんだ。

バスケットボールのコートを見てみよう！

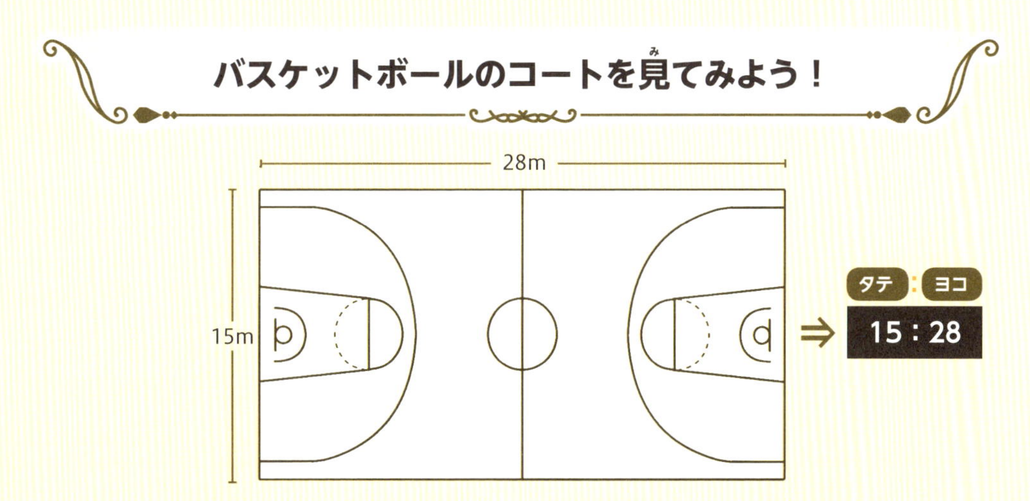

コートをタテに半分にしたら、どんな形に見えるかな？　正方形？　それとも長方形かな？　28mの半分は14m。だから、コートを半分にしても長方形だね。

学校のプールの大きさはどうかな？　調べて比率を出してみよう。

比率は心をかえる!?

身のまわりのものに数の大きさは書かれていないよね。そのものを見たときの印象はいろいろだけれど、それには比率も関係している。

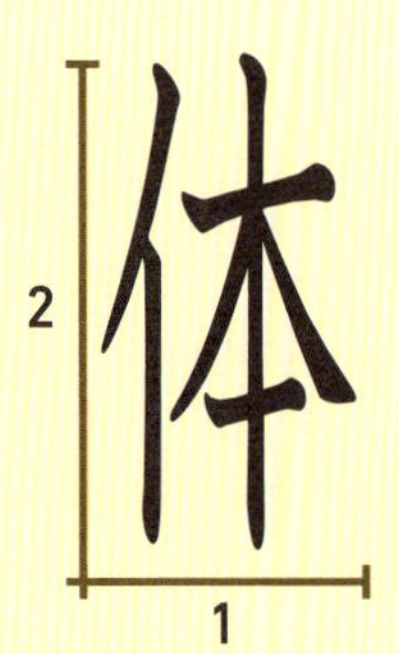

タテとヨコの比率のちがいによる印象

文字は書く人によって形がちがう。字がきれいかどうかということではなく、文字の形によって受ける印象がある。上の「体」という字は、タテ２：ヨコ１、タテ２：ヨコ２、タテ１：ヨコ２の比率にしたもの。コンピュータで書いた同じ種類の字だけれど、見た目の印象がちがうよね。

ものに数の大きさや比率がかかれていなくても、人間は見ただけで比率による印象を受ける。そのとくちょうがさまざまなものに活用されているよ。

▶同じ長さなのにちがう長さに見える

右の図のヨコの線は同じ長さだよ。下のほうが長いように見えるよね。このように人間は形によって受ける印象がかわることを知っておこう。

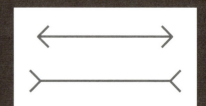

アンを大人とマスコットキャラクターにしてみた！

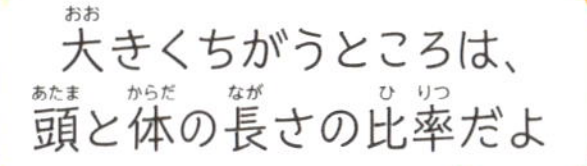

大きくちがうところは、
頭と体の長さの比率だよ

大人になったアン

子ども（現在）のアン

マスコットキャラクターになったアン

体型がちがう！
印象がだいぶかわるね!!

人間の体は生まれてから成長していく。体のすべてが同じように大きくなるわけではないので、頭の長さと体の長さの比率がかわっていく。頭の大きいマスコットキャラクターは、人間の赤ちゃんに対する印象と少し似ているかもしれないね。

人間の体を見てみよう

昔から「美しさ」を表現するときに、数を意識していたのかもしれない。
有名な芸術作品である人間の像の比率に、“ある数字”があった。

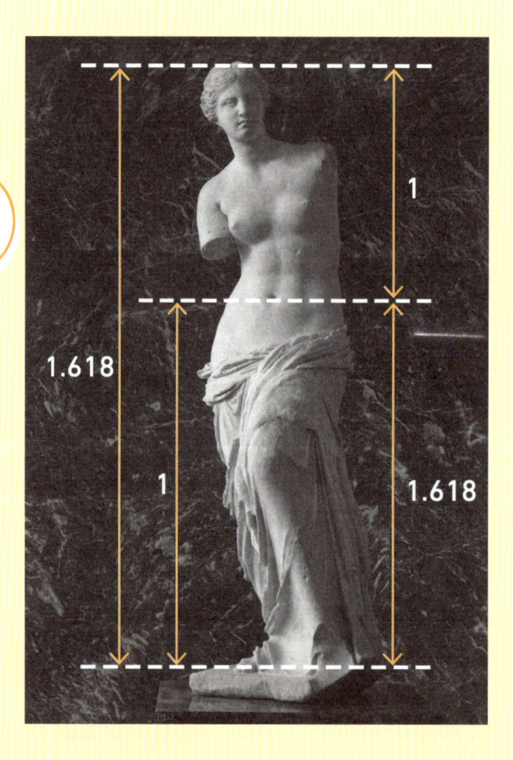

身長：へそから下

1.618：1

へそから上：へそから下

1：1.618

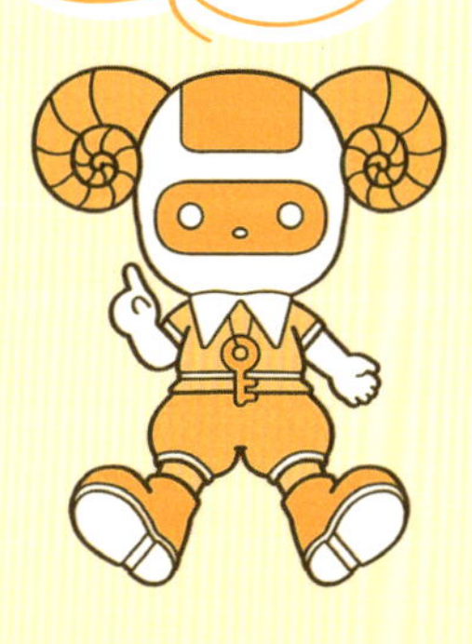

ギリシャで発見された
とても古いちょうこく
「ミロのヴィーナス」の
体の比率だよ

「1.618」はおよその比率だよ。この本ではわかりやすいように「1.618」や「1.6」などの数で説明していくよ。

「1：約1.618」という比率にひみつがある

「美しい」と感じるものは人によってちがうけれど、多くの人が美しさを感じるバランスがある。そのバランスを「黄金比」という。上の写真のちょうこく「ミロのヴィーナス」が発見されたのは200年くらい前だけれど、つくられたのは紀元前2世紀という大昔。その当時に黄金比が存在していたことになる。その比率は「1.618：1」とか「1：1.618」というもので、じつはこの比率と同じものが身のまわりにたくさんあるよ。

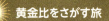

鏡で自分の顔を見てみよう

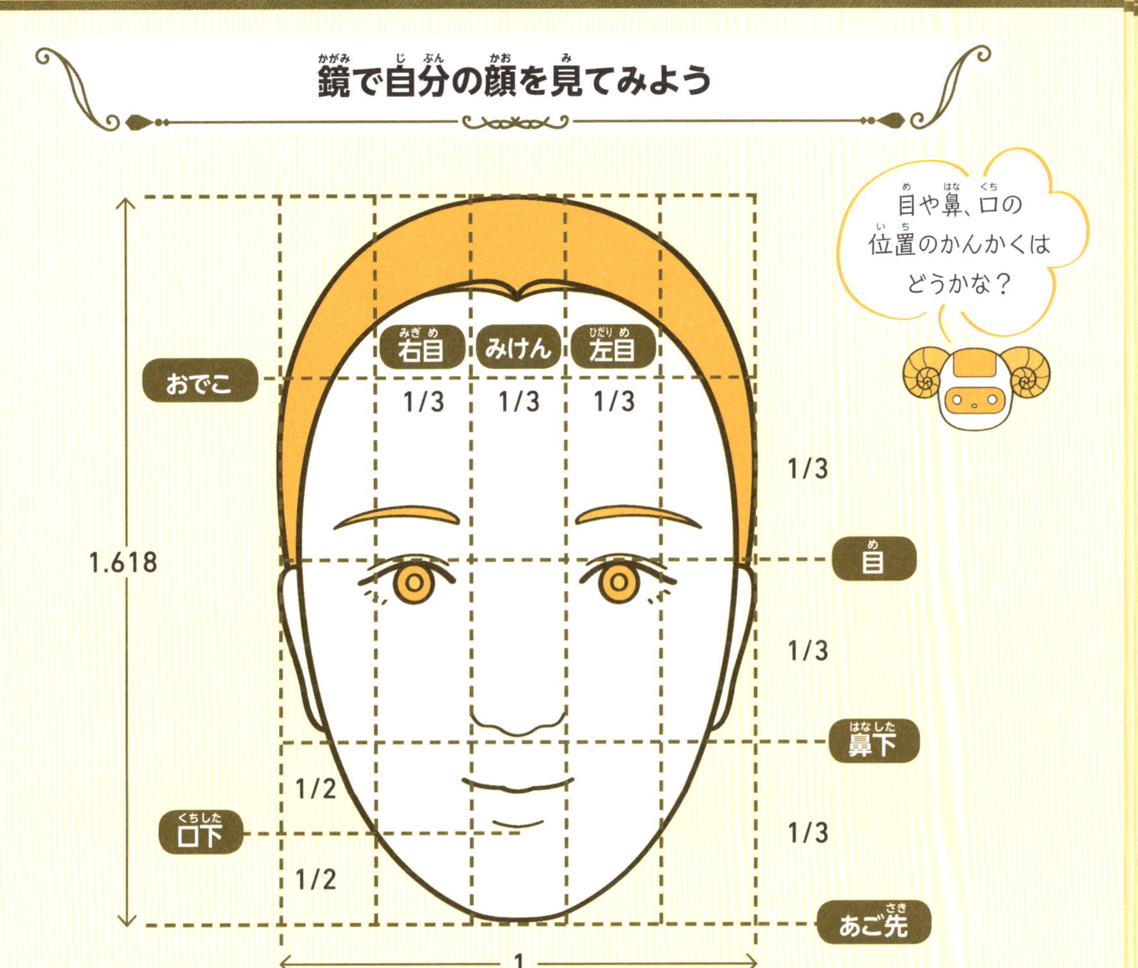

体のいろいろな部分を
比率で見るのもおもしろそう！

体と同じで顔も人によって大きさ、形、目・鼻・口などの位置がちがう。上の絵は顔のタテとヨコの大きさが黄金比になっており、顔のパーツを一定のかんかくにしたもの。みんなはこの顔のバランスをどう感じるかな？

四角形にも黄金比がある

10〜11ページにあったテレビとけいたい電話の画面は、
大きさはちがうけれど同じ形だったよね。これはぐうぜんではないよ。

けいたい電話の画面

タテ16：ヨコ9

テレビの画面

タテ9：ヨコ16

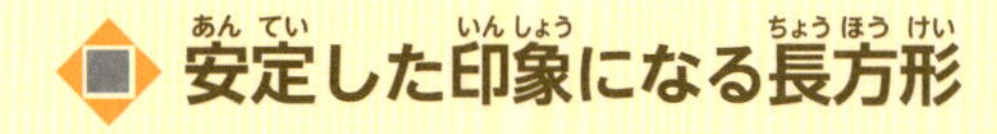

安定した印象になる長方形

けいたい電話やテレビは多くの人が見るものだよね。だから、みんなが見やすい形が求められる。そのタテとヨコの比率は「1：約1.777」になっているものが多い。「1.777」は黄金比の「1.618」に近い数だよね。タテとヨコの比率をわかりやすくするために「16：9」とか「9：16」という比率で表されることが多いよ。パソコンやタブレッドのモニターも同様だよ。これらは世界中で主流となっている。

黄金比の四角形は、黄金長方形とよばれるよ！

2つの辺の比率が「1：1.618」になっているものを「黄金長方形」といい、これに近い比率のものも黄金長方形とあつかわれることがあるんだ。

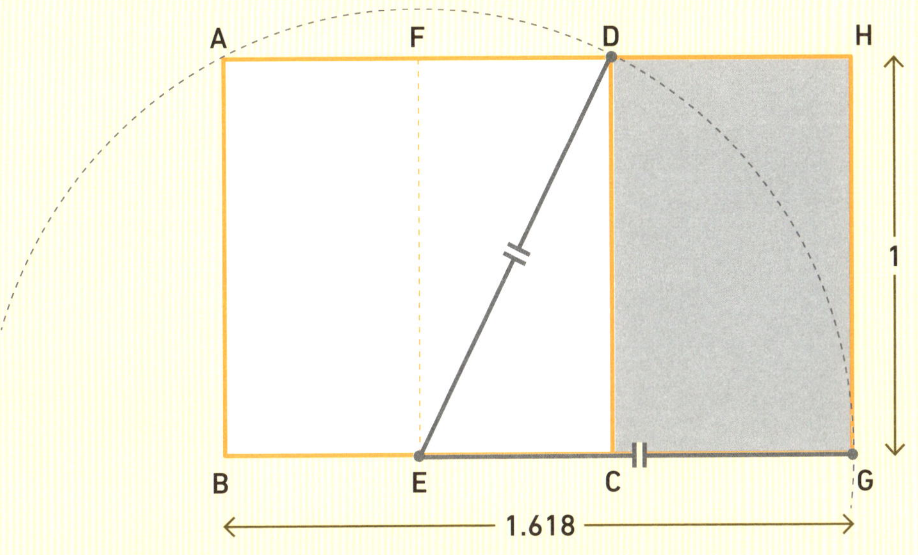

1. 正方形の角をABCDとし、辺BCの中点をEとする。
2. 点Eを中心としてEDを半径とする円を途中までかき、BCの延長と交わったところををGとする。EDとEGが同じ長さになる。
3. 長方形ABGHをかけば、黄金長方形のできあがり。

黄金長方形の中に新しい黄金長方形をかくことができるよ！

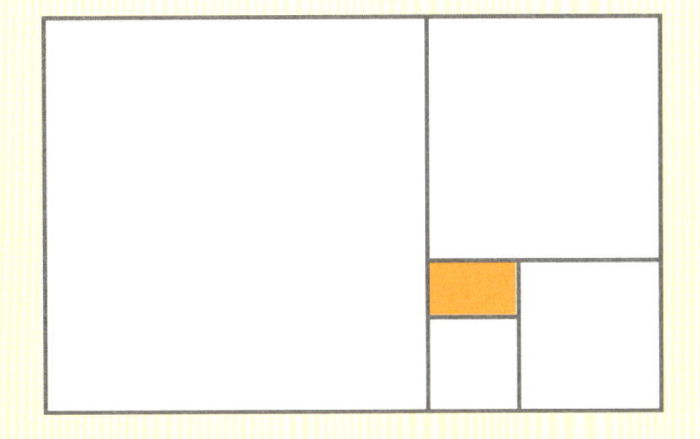

三角形にも黄金比がある

2つの辺が同じ長さの二等辺三角形で、黄金比になるものがある。
この三角形はある図形に関係しているよ。

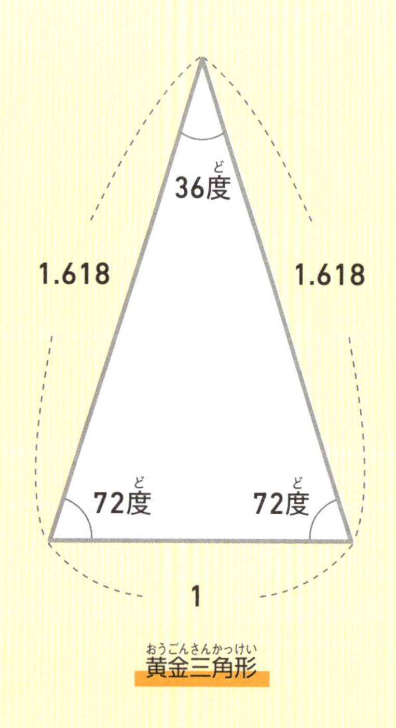

黄金三角形

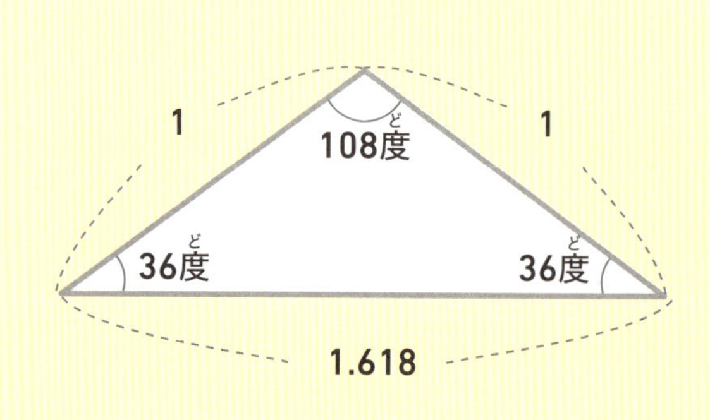

左側の細長い三角形のほうが
「黄金三角形」とよばれているよ

 2つの辺が「1：約1618」になる三角形は2種類

上の左側の三角形は、短い辺が「1」なのに対して2つの長い辺が「1.618」になっているもの。右側は長い辺が「1.618」なのに対して2つの短い辺が「1」になっているもの。左は角度が36度と72度（2つの角）、右は角度が108度と36度（2つの角）になっている。ほかの二等辺三角形とくらべて、印象にちがいがあるかを確かめてみるといいね。

みんなの身のまわりに黄金三角形のものはあるかな？

正五角形の中に三角形がたくさんあるよ！

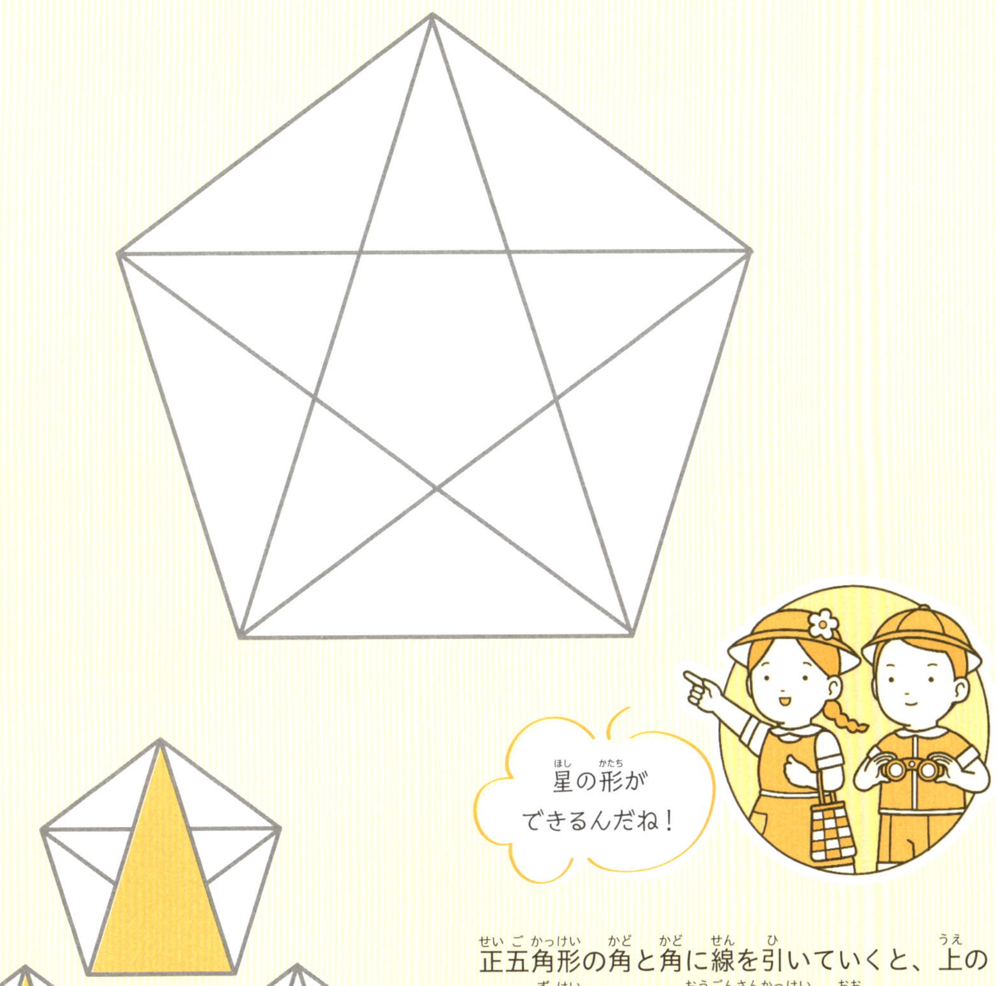

正五角形の角と角に線を引いていくと、上のような図形になる。黄金三角形の大きなものが5つ、中くらいのものが10、小さなものが5つあるね。すべて見つけられるかな。きれいな形の星をかきたいときにも活用できるね。色をぬると、きれいなアート図形になるよ。

黄金比から生まれる不思議な形

四角形も三角形も直線でできる図形で、それぞれ黄金比でできた形がある。
では、黄金比でできる曲線の図形はあるだろうか。

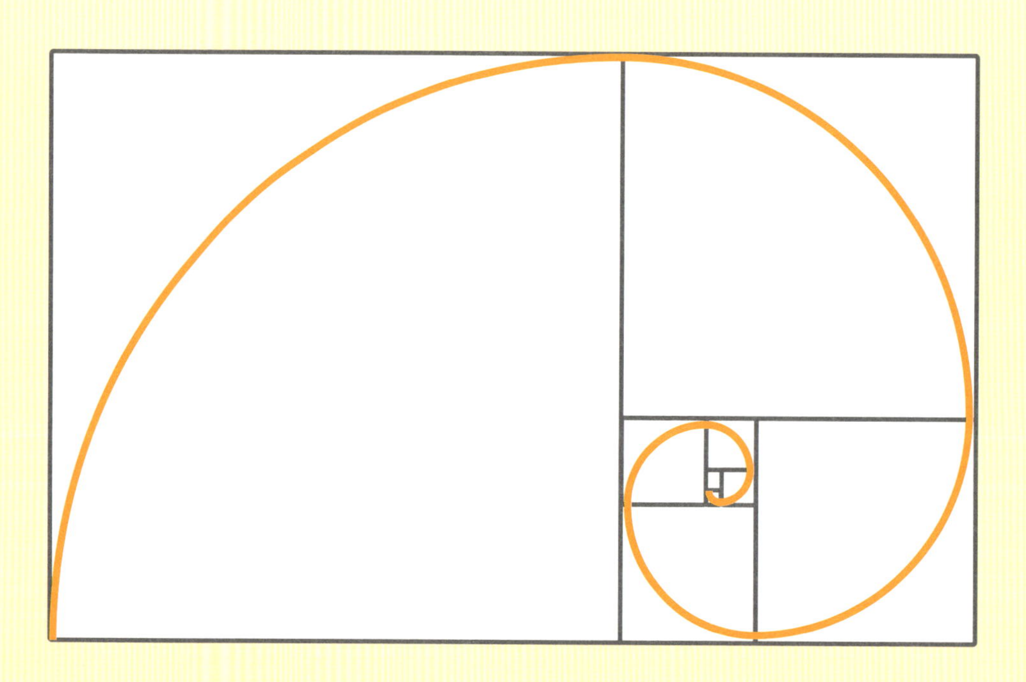

正方形にかいた曲線をつなげた「黄金螺旋」

上の図形は黄金長方形の中に黄金長方形をかいたもの。正方形の部分に曲線（正方形の辺を半径にしたもの）をかいていくと、線がつながって不思議な形ができるね。この形を「黄金螺旋」とか「フィボナッチ螺旋」という。

なにかに似ているようにも見えるけれど、身のまわりにこの形をしたものを見つけられそうにないよね。

この黄金螺旋は、絵や写真などのデザインや構図に活用されることもあるみたいなんだ。くわしくは3章でしょうかいするよ。

コンパスを使って黄金螺旋をかいてみよう！

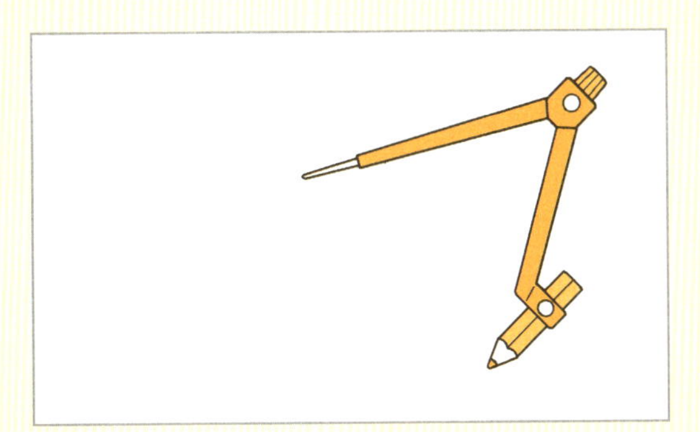

1 紙とコンパスを用意する。

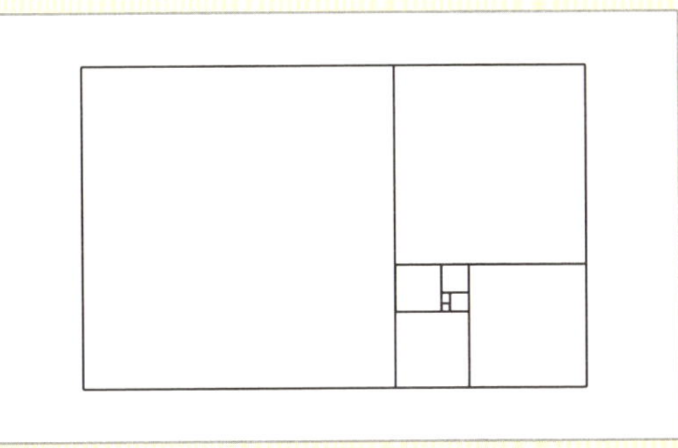

2 黄金長方形をかく。その中に黄金長方形をいくつかかいていく。
※かき方は55ページでしょうかい。

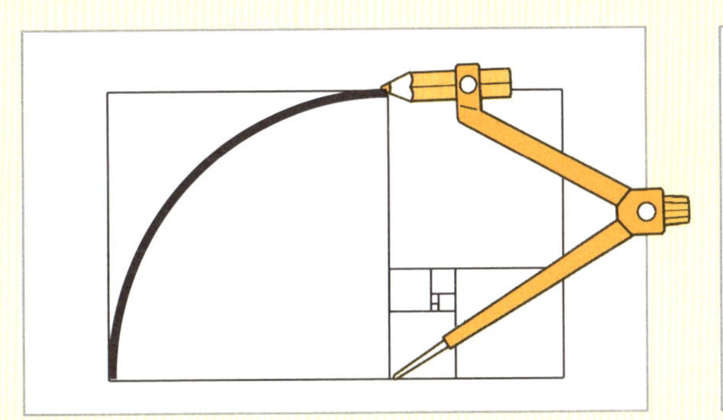

3 正方形の辺の長さにコンパスを合わせて曲線をかく。

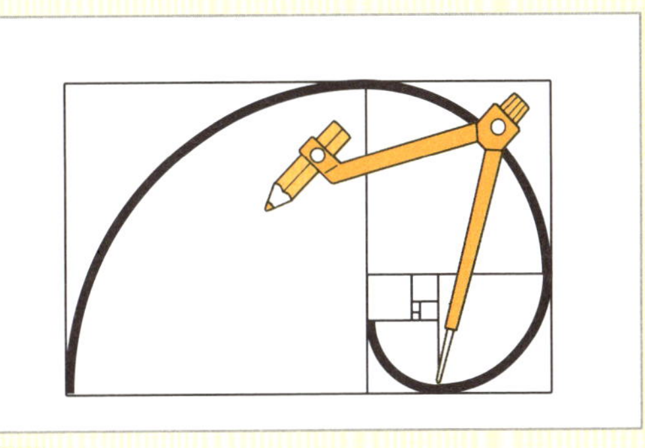

4 すべての正方形に同じように曲線をかいていく。

正方形の辺の長さが小さくなると、コンパスは使えないなあ

手がきでチャレンジするしかないね！

建物の比率を見てみよう

黄金比が昔のちょうこくの像(P52)に見られたように、
古い建物にも黄金比が見つかっているよ

パルテノン神殿(ギリシャ)

世界で最も美しい建物かもしれない

古い建物にも黄金比を確認できるものがある。ギリシャにあるパルテノン神殿は、紀元前に建てられてもので一度こわれたけれど、当時のものと同じように建てられた。それも今では大部分がこわれているけれど、こわれる前の形でタテとヨコの比率をはかると、「1：1.618」になる。この建物ができたころに黄金比に対する考え方があったかどうかは、わかっていないよ。「ぐうぜんだ」ともいわれているよ。でも、いろいろなものに黄金比を当てはめてみるのはおもしろいね。

また、パルテノン神殿は、建物の形が左右対称になっているともいわれているよ。これもぐうぜんなのかな。

 黄金比はタテやヨコだけの比率ではない

1836年にフランスに建てられた凱旋門は、中央のあいた部分の高さと、全体の高さが「1:1.618」に近い比率になっている。ほかの部分でも同様の比率がある。エジプトのピラミッドにも同じように黄金比に近いものが確認されている。ただ、これらもパルテノン神殿と同様に、当時、黄金比に対する考え方があったかどうかは、わかっていないよ。

凱旋門（フランス）

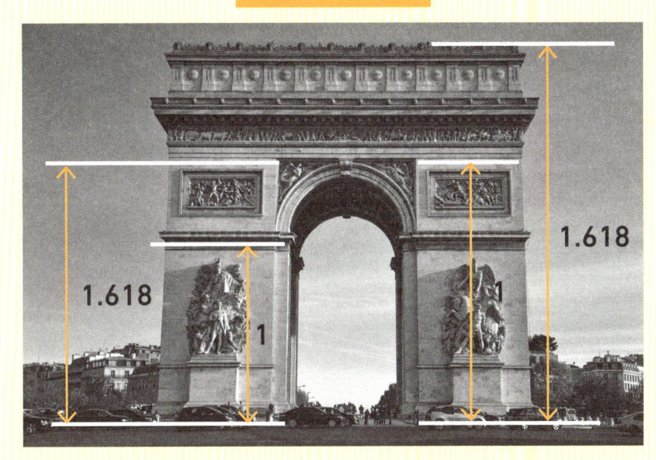

ピラミッド（エジプト）

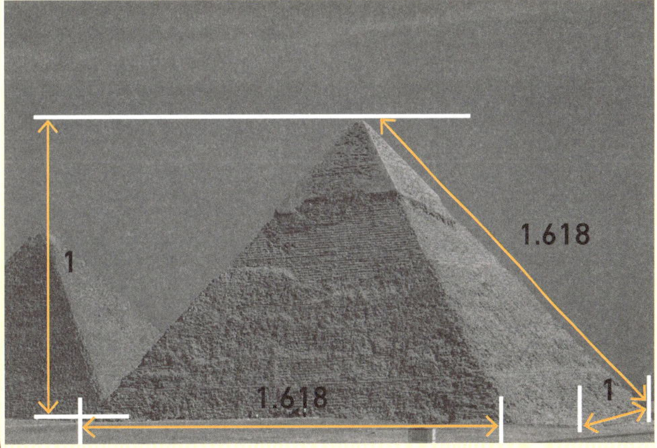

黄金比ではなくても
比率を考えて設計された
かもしれないね

「黄金比が美しい」というのは
科学的に証明されていないよ。
見る人の感じ方だよね！

芸術作品の黄金比をさがそう

芸術は心を豊かにしてくれる。絵画はえがくものをどこに配置するか、どんな大きさや形にするか考えられてつくられているよね。

モナ・リザ(フランス・ルーブル美術館)

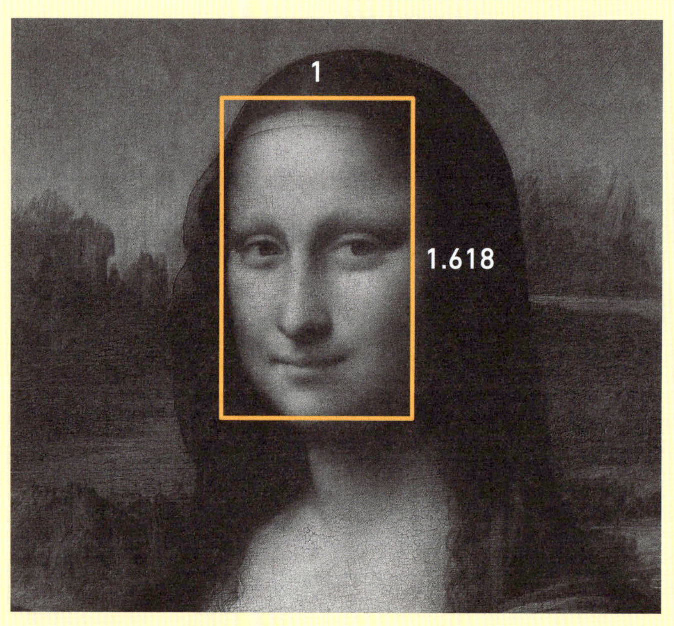

絵画に黄金比が関係しているかもしれない

イタリアの有名な画家であるレオナルド・ダヴィンチは、絵画に黄金比を取り入れたといわれている。その代表作が上の絵（写真は本物ではなく複製したもの）。えがかれている女性の顔が、黄金比になっているね。また、腕のあたりから頭の高さと、体の幅も黄金比に近い。

絵画などの昔の芸術作品に黄金比がどのように取り入れられていたかは、わかっていない。ただ、比率を意識して芸術作品を見てみると、またちがった印象を受けるかもしれないね。

下の2つの木の絵の印象は、それぞれどうかな？
同じ高さの木だけれど、印象がちがうね！

比率を考えずにかいた木

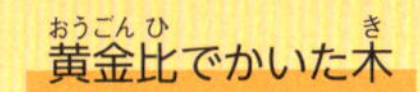

それぞれ黄金長方形の紙に木をかいているよ。右の木の三角の部分は、黄金三角形だよ。気づいたかな？

比率を意識してかくと
絵が上手になるかなあ

自然の中にも
黄金比の木があるかなあ……

身のまわりの黄金比を見つけよう

家にあるものでも黄金比の形が見つかるはず。
比率がちがうとこまるものもあるよ。

クレジットカードのサイズは世界共通

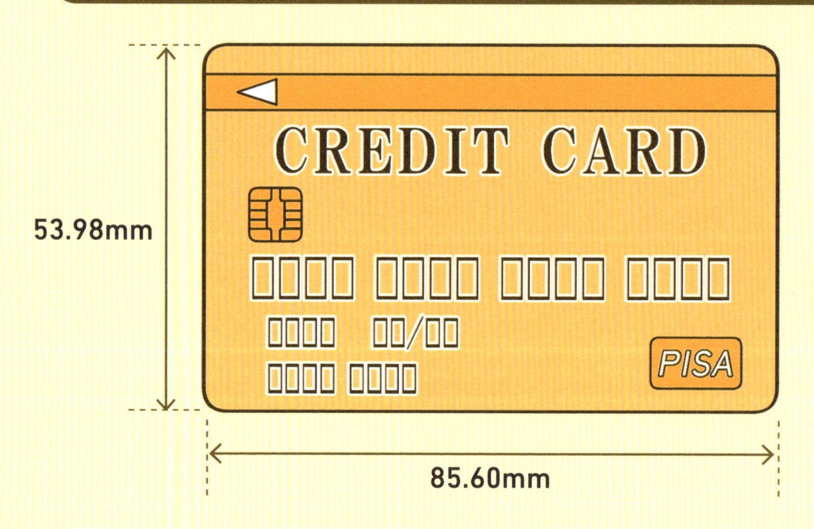

1：1.585の比率。黄金比にとても近い！

「1：1.618」に近いものがたくさんある

テレビやけいたい電話の画面の比率（54ページでしょうかい）が、「9：16」のように、黄金比に近い比率のものがたくさんある。例えば、買い物のしはらいなどで使うクレジットカードの比率は、「1：1.585」になる。ちなみに大きさは世界共通なんだ。銀行のキャッシュカードや運転免許証、電車やバスに乗るとき使う交通系ICカードもこの大きさに近いよ。カードを入れるケースやさいふの大きさもこれに合うようになっている。

身のまわりにある長方形のもので、黄金比に近いものがあるかな？

「長い辺÷短い辺＝1.618」に近くなるもの

おかしのはこ

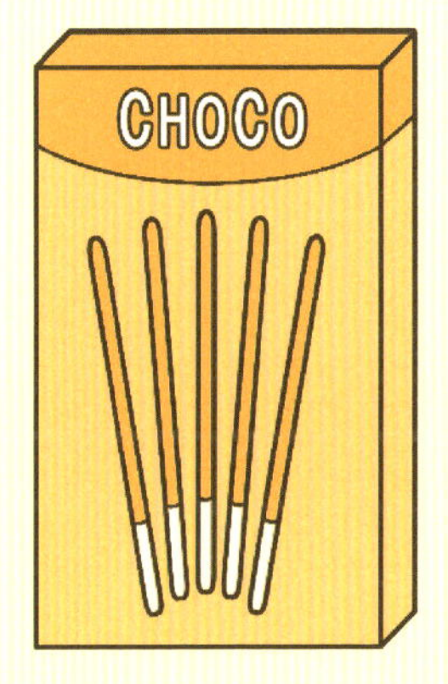

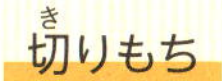

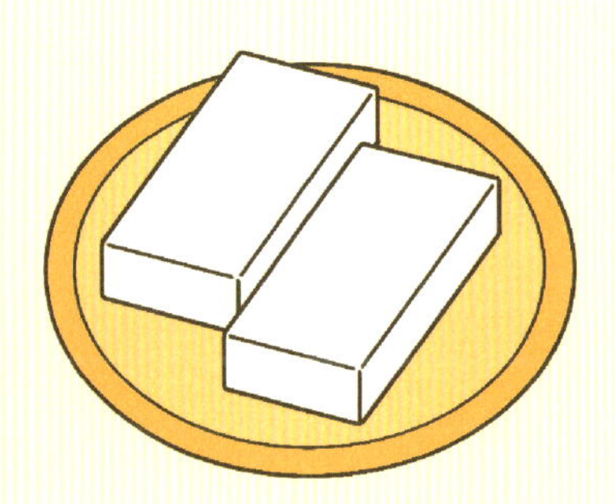

お守り

図書カードはどうかなあ？

ノートや教科書もはかってみよう！

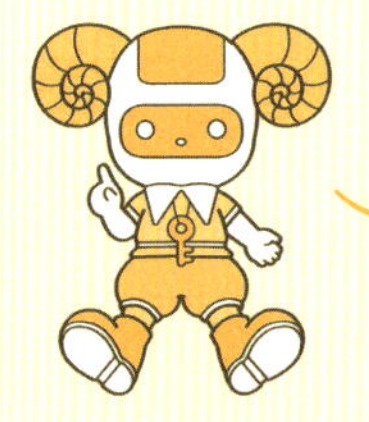

いろいろなカードやノートの比率を見ていくと、「1.618」とはちがう、“ある比率”が出てくるかもしれないよ！

次のページで黄金比とはちがう比率をしょうかい！

黄金比とはちがう比率

黄金比ではなく、日本でよく見られる「白銀比」というものがあるよ。
この比率も美しく、安定感のある印象になるんだ。

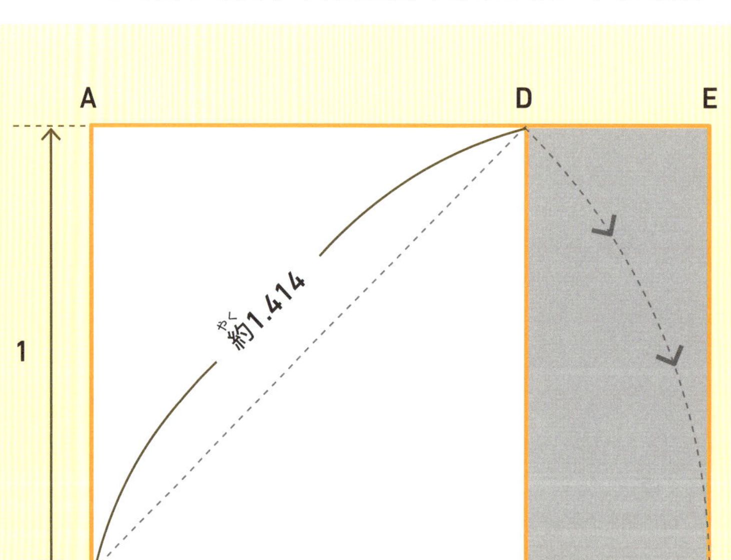

日本で古くから用いられてきた比率「約1.414：1」

上の長方形を見て、みんなはどんな印象を受けたかな？　これは「白銀比」という比率の図形。正方形の対角線の長さが、長方形の長い辺と同じになる（BDとBFが同じ長さ）。また、正方形に対角線を引くと2つの直角三角形ができ、長い辺と2つの短い辺が「1.414：1」の比率になる。日本では古くから建築物にこの比率が使われており、親しみのあるバランスであることから、ノートやキャラクターの比率に多く使われているよ。

みんなは白銀比のものを持っているよ！

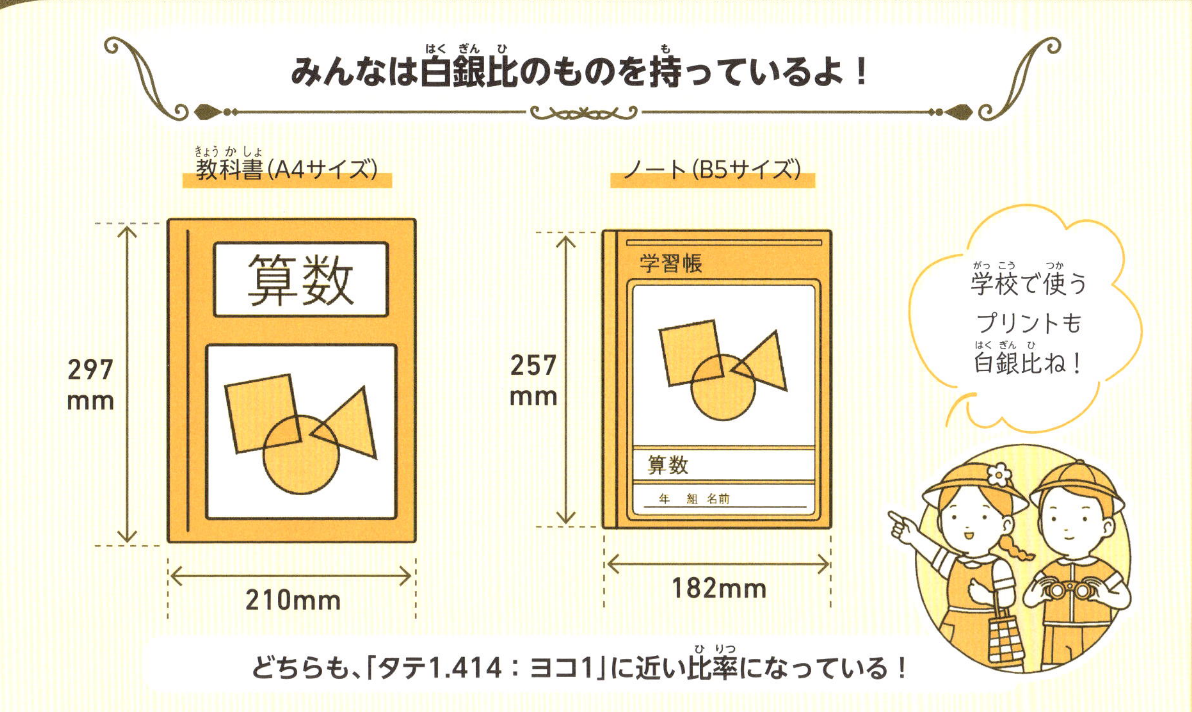

どちらも、「タテ1.414：ヨコ1」に近い比率になっている！

日本で最も古いお寺の法隆寺にも白銀比が用いられているよ！

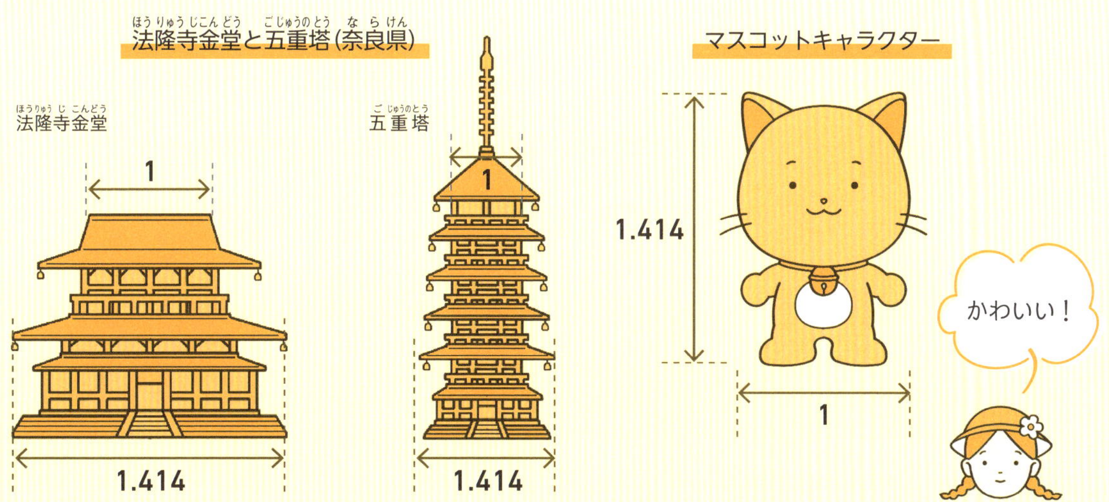

図形を組み合わせてみよう

図形の中に図形をかいたり、図形をつなげたりすると、
不思議な形ができるよ。

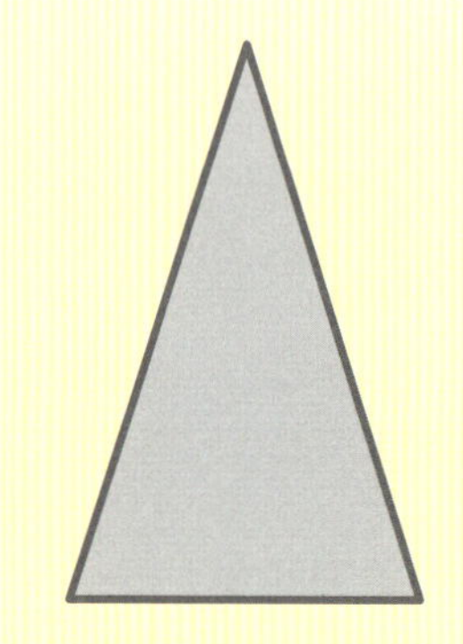
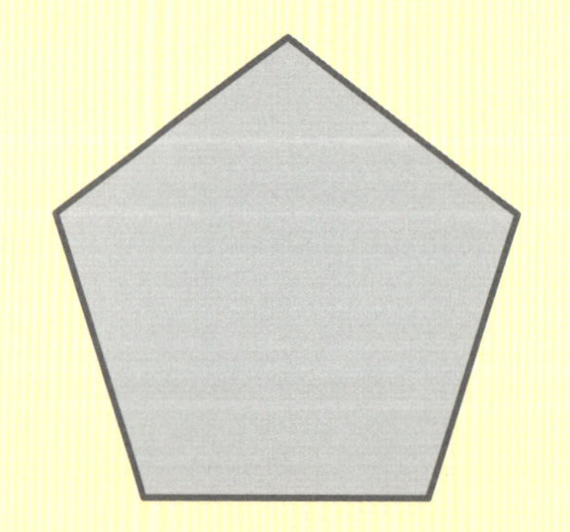

デザインに活用できる黄金比の図形

黄金長方形や黄金三角形を組み合わせるとさまざまな形ができる。さらに図形の大きさをかえて連続させると、またちがった図形になる。不思議な形だけれど、安定感があり、美しい印象をもつ黄金比の図形だから、芸術作品のように見えるね。

本やポスター、布、箱などのデザインに、もようとして使われることもあるよ。黄金比の図形で絵をかいたり、文字をつくったりしても楽しいね。

黄金三角形の中に
小さな黄金三角形をかいていったもの

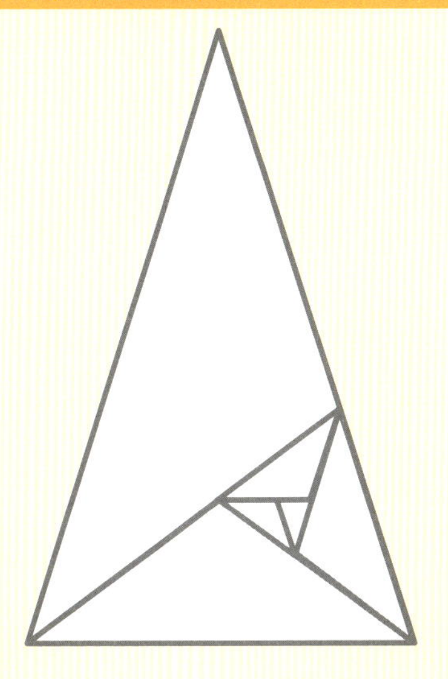

黄金三角形の
3つの角に合わせて円をかいたもの

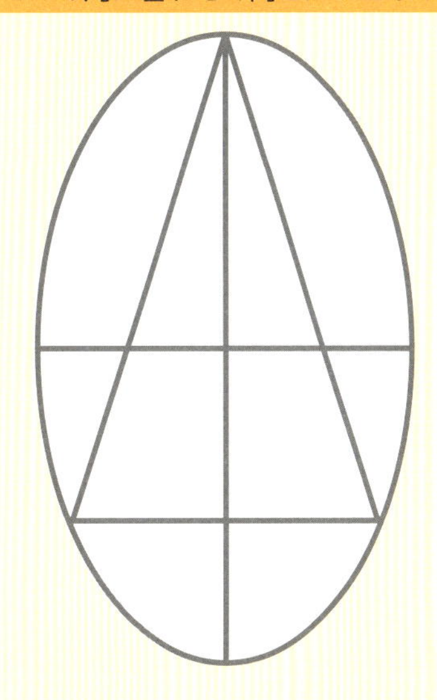

正方形の中に黄金長方形をかいていったもの

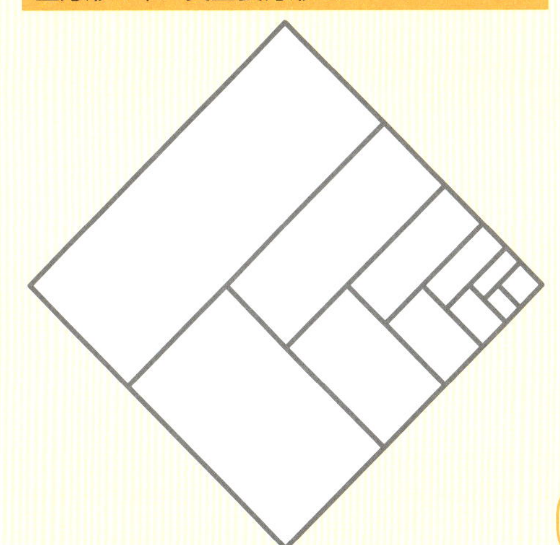

正五角形の中に星をかいてつなげたもの

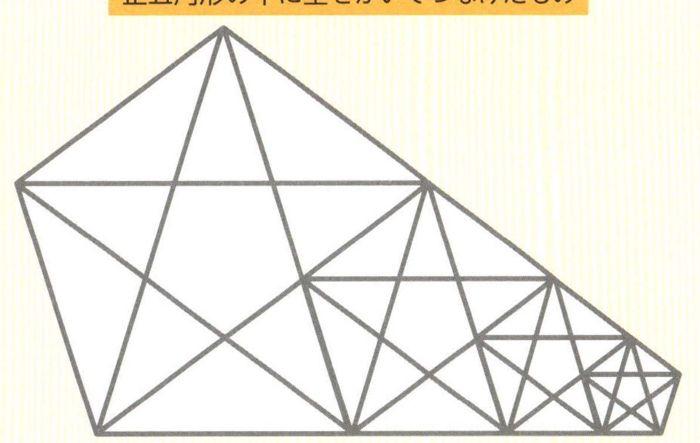

図形を組み合わせるだけで楽しいね！

色をぬり分けると、もっとおもしろい形に見えそう

黄金比をさがす旅はここまで！

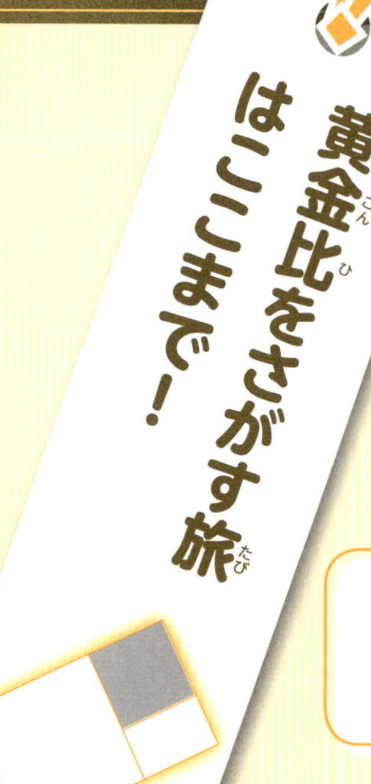

比率を理解できたかな？
身のまわりにあるものの
見方がかわってくるよね

ファッションでも
黄金比という言葉を
聞いたことがあるよ

黄金比を取り入れた
ファッションだと、
印象がかわるのかなあ

では次の旅に出かける前に、
特別に黄金比のファッションショーをしよう！
モデルはアンだよ

えっ　ちょっとムリじゃない!?

ピサがせっかく提案してくれた
んだから、やってみようよ！

アンの黄金比ファッションショー

「A：B」が「1.618：1」の比率に近くなるように洋服をデザインしたよ！

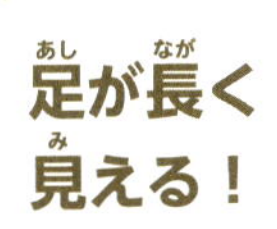

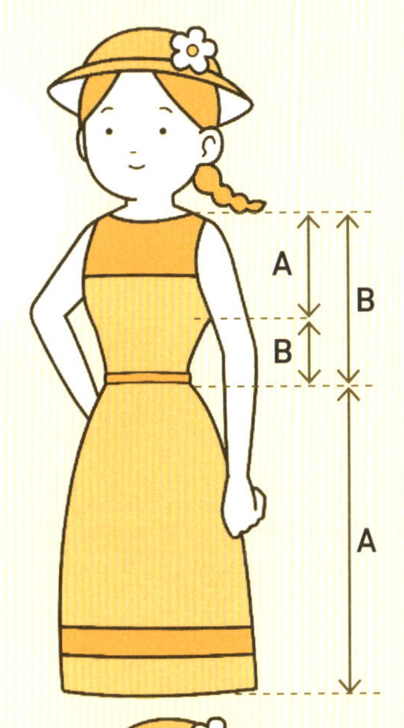

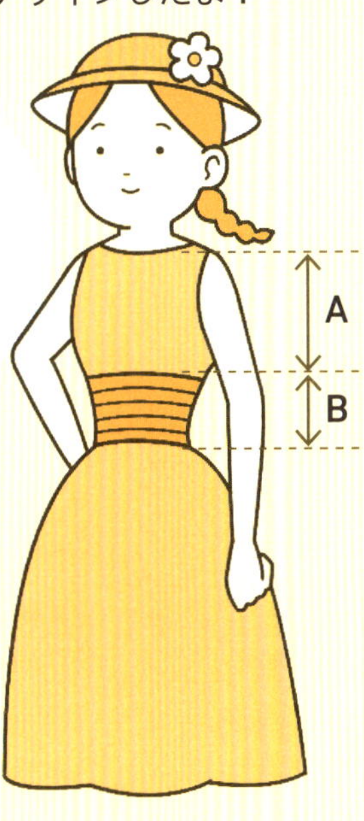

スカートのデザインが目立つね！

では、次の旅に出発！

楽しかったよ！
この洋服、全部
もらえるかなあ

チャレンジ

黄金比のメッセージカードをつくろう！

手づくりのカードは心がこもってよろこばれるよね!!
そのカードを黄金比を使ってデザインすれば、見た目も美しいカードになるよ！

作り方

1 左の黄金螺旋を2つ合わせてハート形にしたカードを使う。

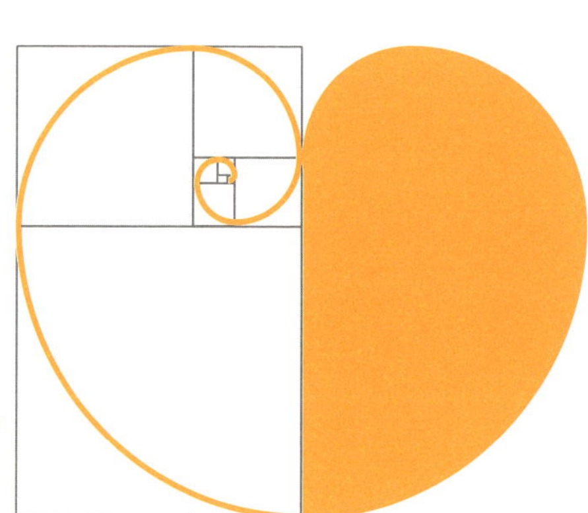

螺旋の線を消して
ハートだけの形に
してもOK！

2 表面に送る人の名前などを書く。

3 裏面にメッセージを書く。

ハート形を
組み合わせて
新しいデザインに！

バースデーカードにピッタリ！

ぶあつい紙にはるといいね!!

左右対称や上下対称の
シンメトリーにもなっているよ！

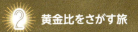

下の絵をコピーしてオリジナルのカードをつくろう！

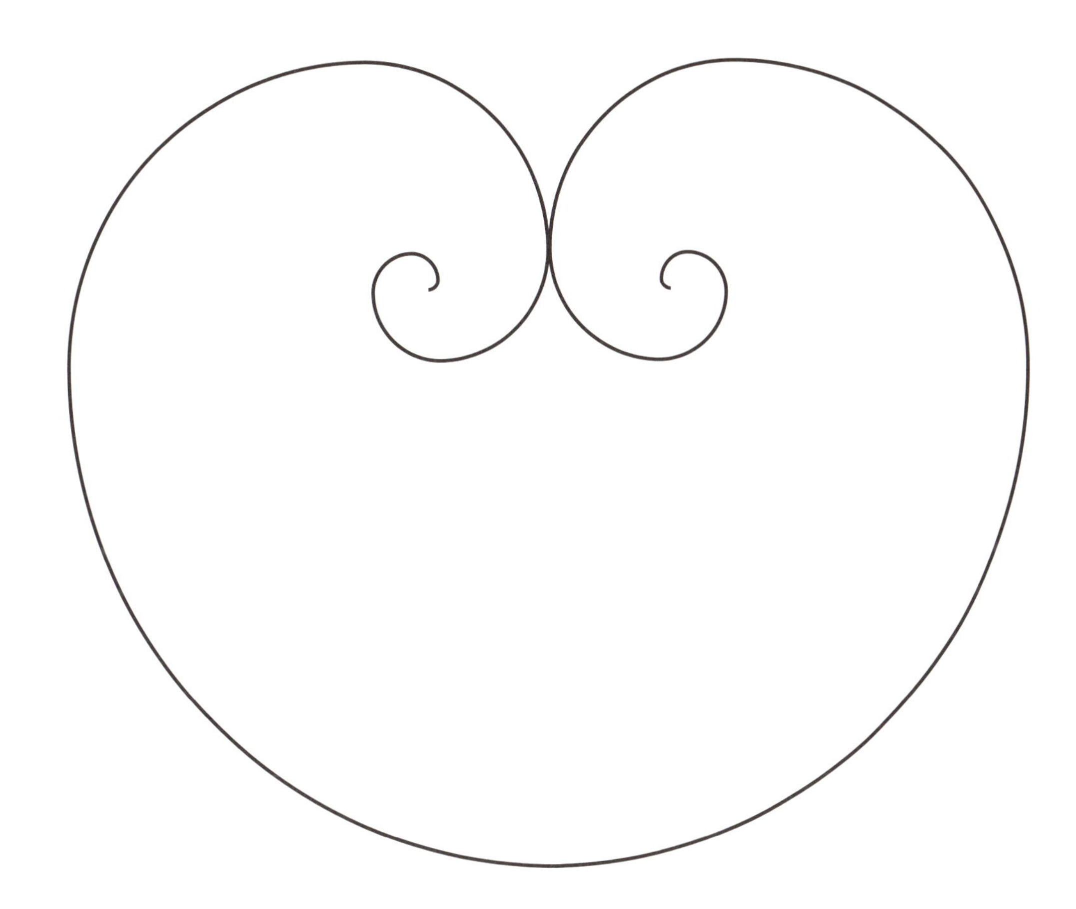

見本

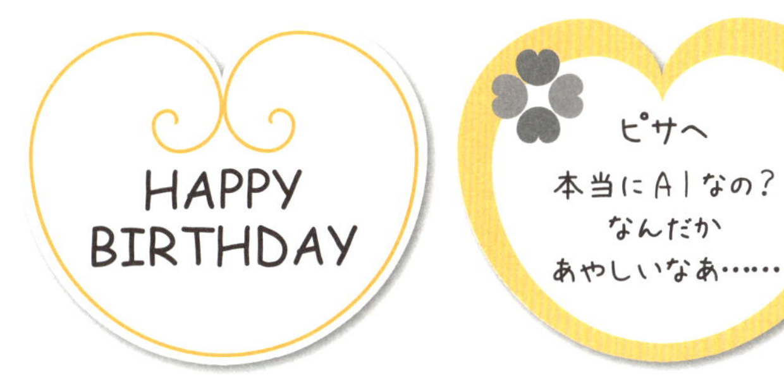

MANABIは発見！

どっちの長方形が落ち着く？自分の好みを知ろう！

下の図形は、黄金長方形と白銀比の長方形。どっちがなれ親しんだ形かな？

黄金比

白銀比

図形だけを見てもよくわからないなあ

白銀比の長方形は、タテにしたら教科書と同じ！

3章 フィボナッチ数列をさがす旅

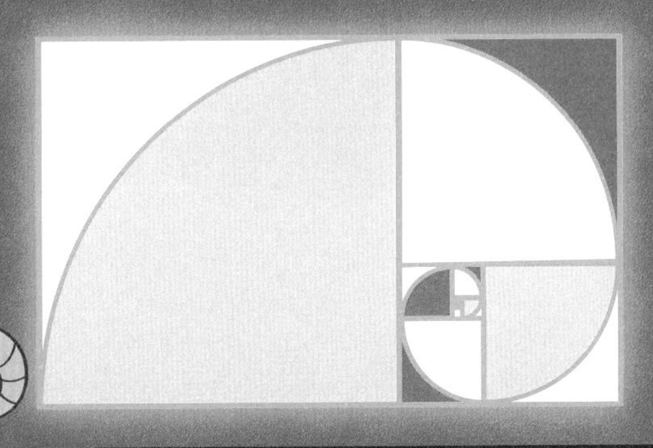

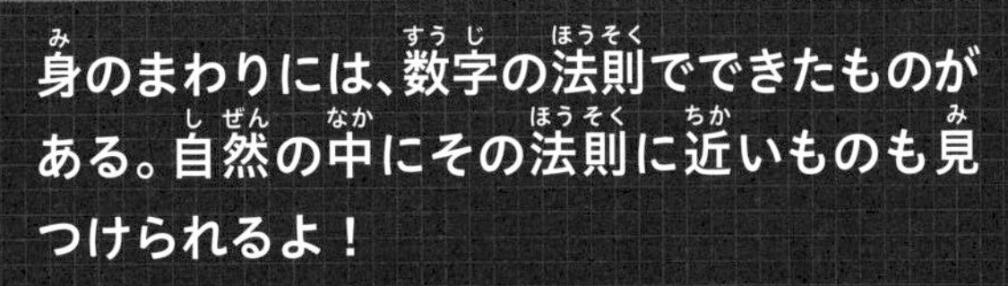

身のまわりには、数字の法則でできたものがある。自然の中にその法則に近いものも見つけられるよ！

フィボナッチ数列ってなに？

小学校や中学校でも習わない数の法則をしょうかい。
黄金比とも関係しているものだよ。

1、1、2、3、5、8、13、21、34……、と永遠に続けられる

同じ数を足したり、決まった倍数になったりする数列（規則性のある数の列）ではなく、でたらめな数字をならべたようにも感じてしまう数列がある。しかし、これにも決まった法則がある。

昔、イタリアの数学者のレオナルド・フィボナッチが注目していたもので、ある本で下のような問題を出したんだ。

「最初に1つがい（オスとメス）が生まれた。このウサギは１か月目に大人になり、2か月目から毎月1つがいの子どもを生む。１年後にはつがいは全部でいくつになっているだろうか（※ウサギは死なないものとする）」

とてもむずかしい問題だよね。次のページの図を見てみよう。５か月目までを絵でわかりやすく表したものだよ。最初のつがいから生まれた②の子ウサギは４か月目にはじめて１つがいの子ウサギを生むよ。下の表はつがいの数を記したもの。その月の数と前の月の数を足すと、次の月の数になっていることに気づいたかな。これがフィボナッチ数列。またその月の数は、前の月の数の「1.618倍」に近くなる。この数字はどこかであったものだよね。そう、２章でしょうかいした黄金比と同じなんだ。

なんだかむずかしい……
右ページの図で確認してみよう！

フィボナッチ数列の図

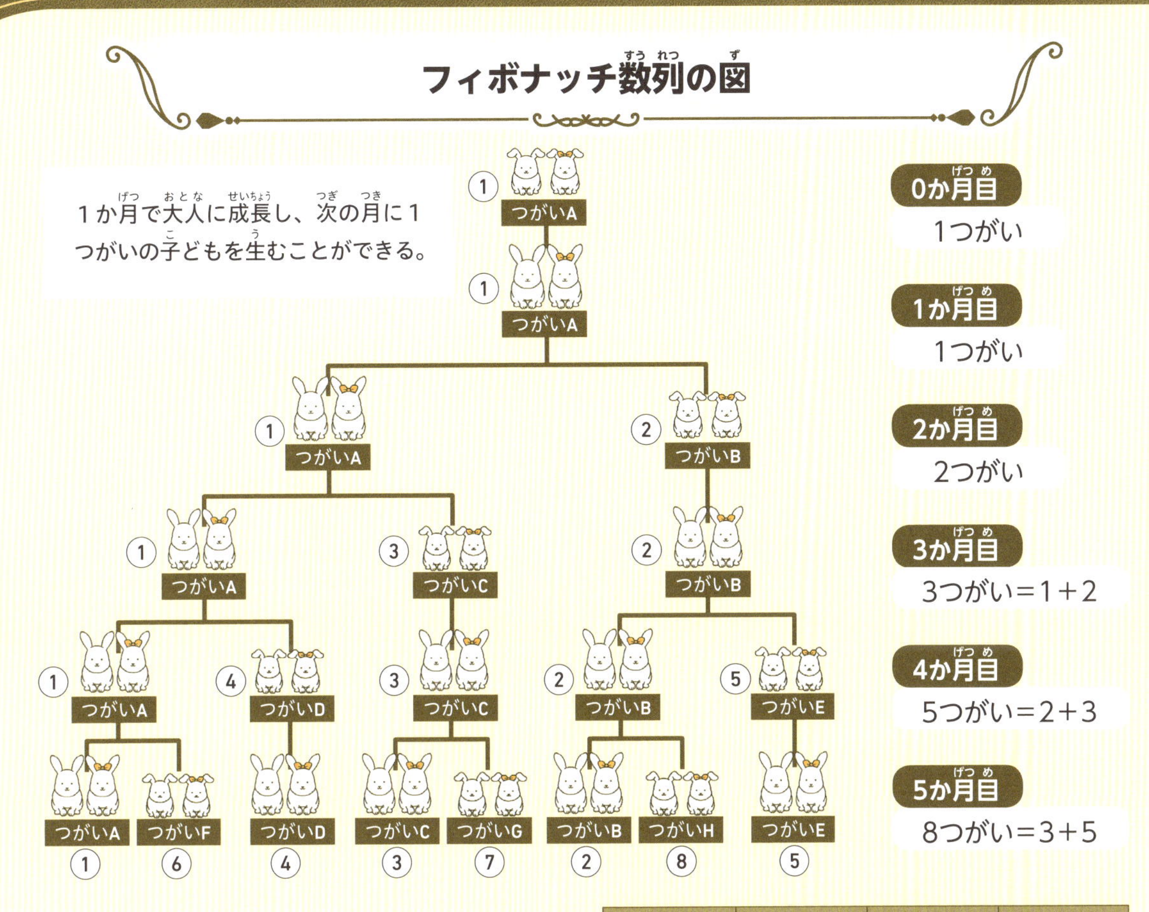

7か月目までを表にしたよ。つがいの合計は、2か月前と1か月前の合計を足した数になっているよ。これが数列の法則なんだ。8か月目以降もこの法則で合計を出していこう。1年後（12か月後）のつがいの数がわかるかな？

	生まれたばかり	生後1か月	生後2か月以降	つがいの合計
0か月後	1	0	0	**1**
1か月後	0	1	0	**1**
2か月後	1	0	1	**2**
3か月後	1	1	1	**3**
4か月後	2	1	2	**5**
5か月後	3	2	3	**8**
6か月後	5	3	5	**13**
7か月後	8	5	8	**21**

フィボナッチ数列が植物にあった！

自然の中にも決まった法則があるよ。
自然と数が、どのように結びついているか見てみよう。

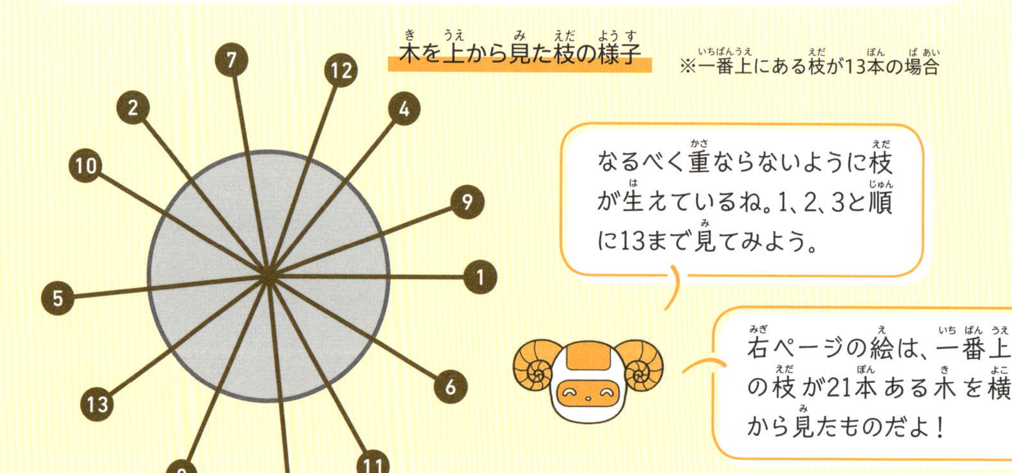
木を上から見た枝の様子
※一番上にある枝が13本の場合
7
12
2
4
10
9
1
5
6
13
11
8
3
なるべく重ならないように枝が生えているね。1、2、3と順に13まで見てみよう。
右ページの絵は、一番上の枝が21本ある木を横から見たものだよ！

自然界には数字が関係しているかもしれない

人間の成長の様子が人それぞれちがうように、植物も種類によって、また同じ種類でもまったく同じ成長とはならない。それでも多くの植物に同じような成長の様子が見られることもある。例えば、木の枝のつき方。幹がある程度大きく成長すると、枝が出てくる。植物の成長には太陽の光が必要なので、枝はほかの枝のかげにならないように出てくる。その枝の出てくる数が、ぐうぜんにもフィボナッチ数列になっている。

ただし、すべての木の枝がフィボナッチ数列になっているかは、解明されていないよ。みんなの身のまわりにある木は、木の成長のためや、人のじゃまにならないように枝を切られていることもあるから、確認するのはむずかしいかもしれない。ただ、自然の中に数字の法則があるかもしれないと思うことで、自然についての見方がかわってくるよ。木の絵をかくときにフィボナッチ数列の枝にしてみてはどうかな。

木をヨコから見た枝の様子だよ
フィボナッチ数列になっていることがわかるね！

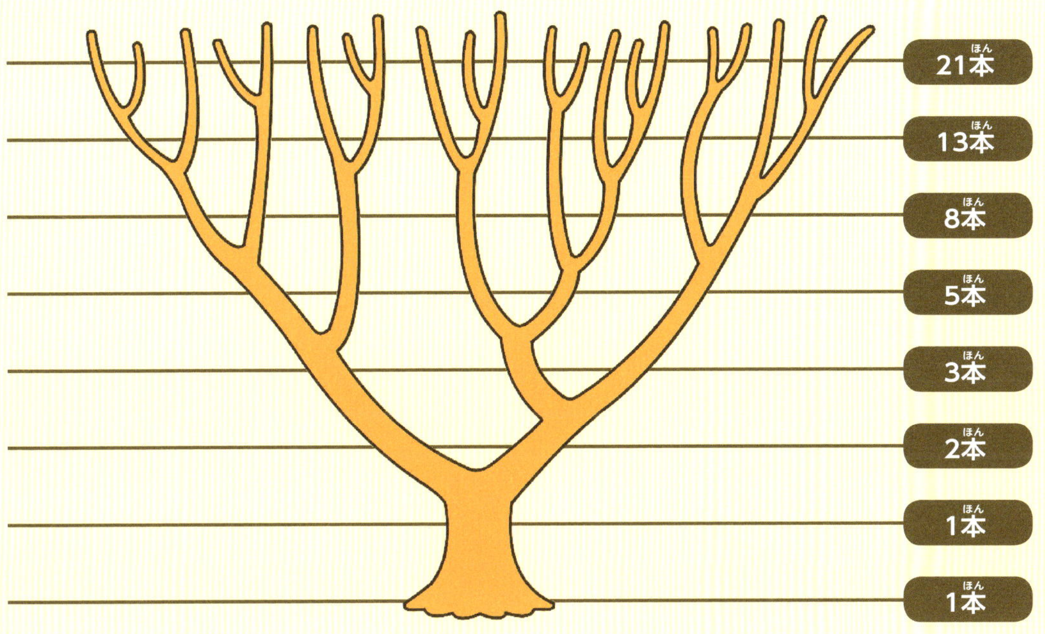

5ページを見てね！

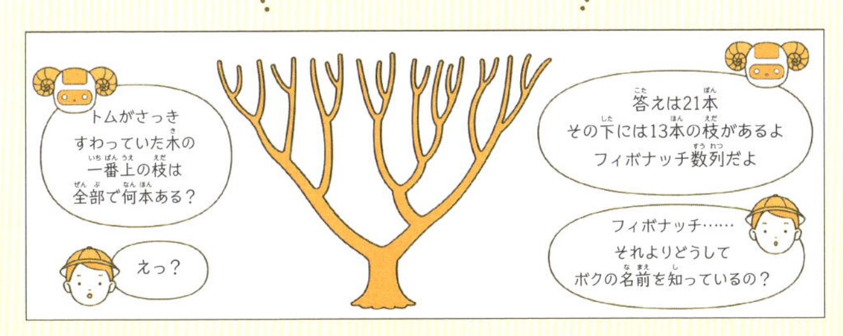

トムがのぼっていた木の枝の数の問題を思い出したわ

数えたわけじゃなかったんだね！

図形にフィボナッチ数列がある

2章で学んだ黄金長方形を思い出してみよう。長方形の中にどんどん長方形をかいた図だよ。辺の大きさを見てみると……。

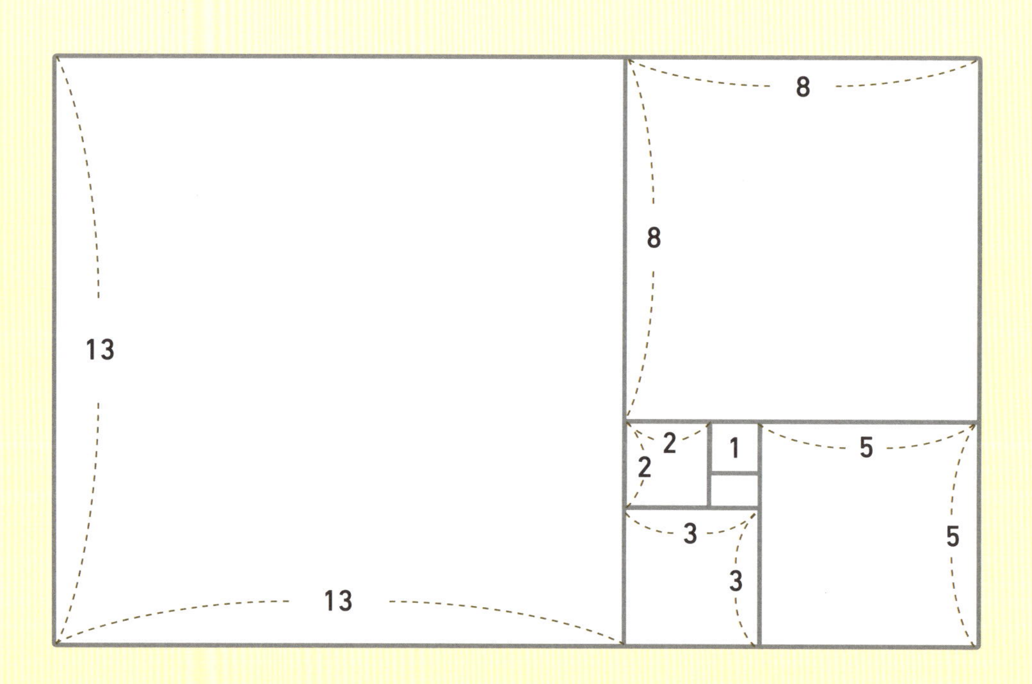

黄金長方形のタテとヨコの数値はフィボナッチ数列

上の黄金長方形をいくつかかいた図形を見てみよう。小さな四角形の辺の長さを1とすると、2、3、5、8、13と大きくなっている。これはフィボナッチ数列と同じだよね。76ページでもしょうかいしたけれど、フィボナッチ数列は、「1.618」に近い数をかけた数になっていく。これはぐうぜんなのだろうか？　多くの数学者がフィボナッチ数列や黄金比について研究をしている。とてもむずかしい分野の話なので、ここでは「身のまわりにあるもので、フィボナッチ数列に近い法則がある」ことを知っておこう。

フィナボッチ数列が黄金比になるのか、計算して確かめよう！

1÷1=1

2÷1=2

3÷2=1.5

5÷3=1.666666...

8÷5=1.6

13÷8=1.625

21÷13=1.615384...

34÷21=1.619047...

55÷34=1.617647...

89÷55=1.618181...

144÷89=1.617977...

233÷144=1.618055...

割り算は
得意だけど……

計算器が
必要だね……

1.618ぴったりには
ならない。
この先も「1.618」に
近い比率が続くよ！

計算が好きな人は、
この先も確かめてみて！

黄金長方形から黄金螺旋がつくれるんだったね！

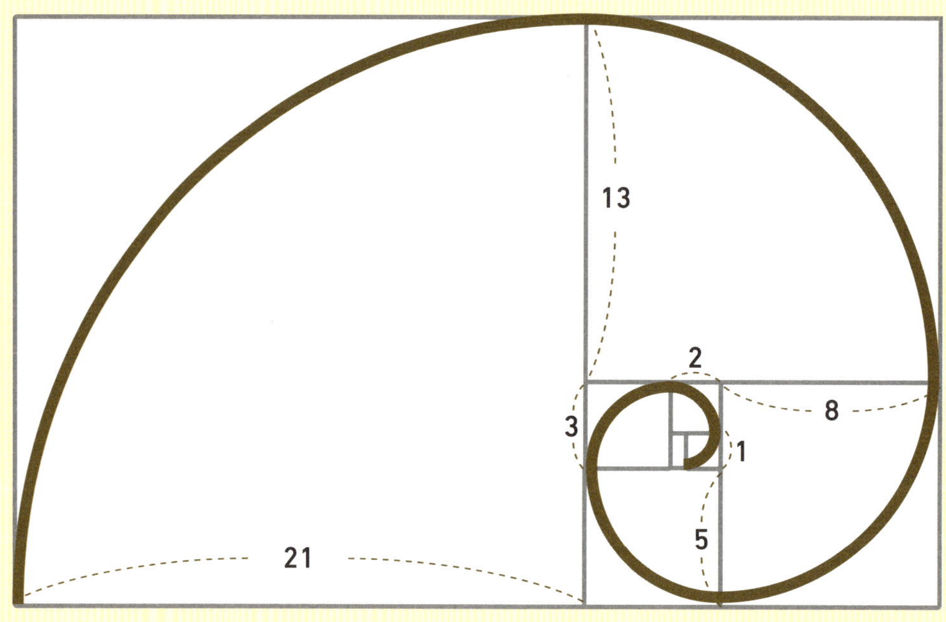

植物の葉は螺旋状についている

木の枝と同じように葉も太陽の光を浴びるために、重ならないようについている植物が多い。左の絵のように下から上に螺旋状についているんだ。右のページイラストは上から見た様子だよ。螺旋状になっているのがよくわかるね。葉の枚数は植物によってちがうので、近くにある植物の葉がどのようについているか、確認してみよう。

植物の葉を上から見た様子だよ！

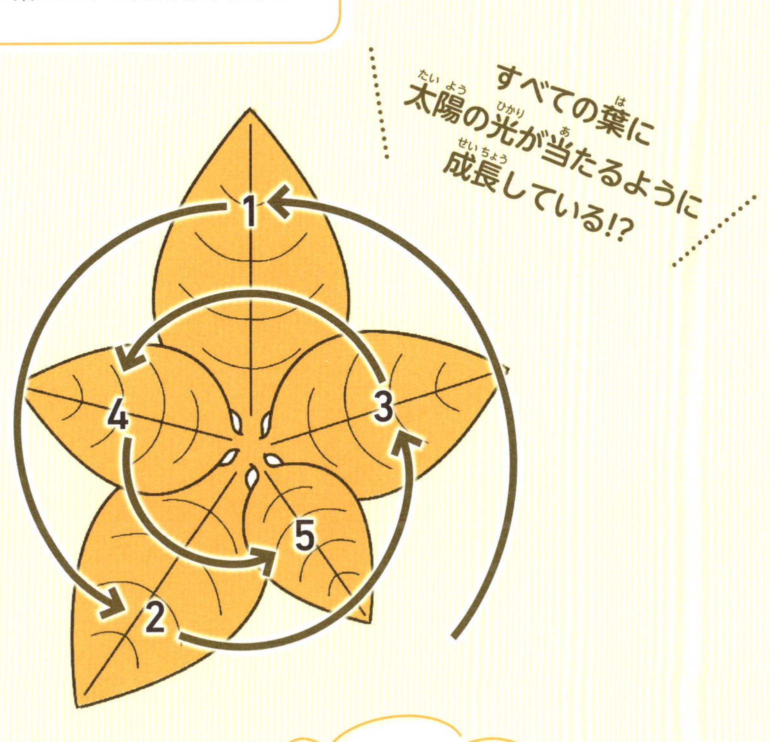
すべての葉に
太陽の光が当たるように
成長している!?
1
2
3
4
5

数を意識して
植物をかんさつする
のも楽しそう！

▶葉や花びらの枚数は植物によってちがう

植物のすべてが、フィボナッチ数列と関係があるかはわからない。葉の数や花びらの数は植物によって、また同じ種類でもちがうことがある。花びらは5枚（サクラなど）や8枚（コスモスなど）のものが多く見られる。

植物にある螺旋を見てみよう

もようのように見える植物がある。
その中でフィボナッチ数列が関係しているものをしょうかいするよ。

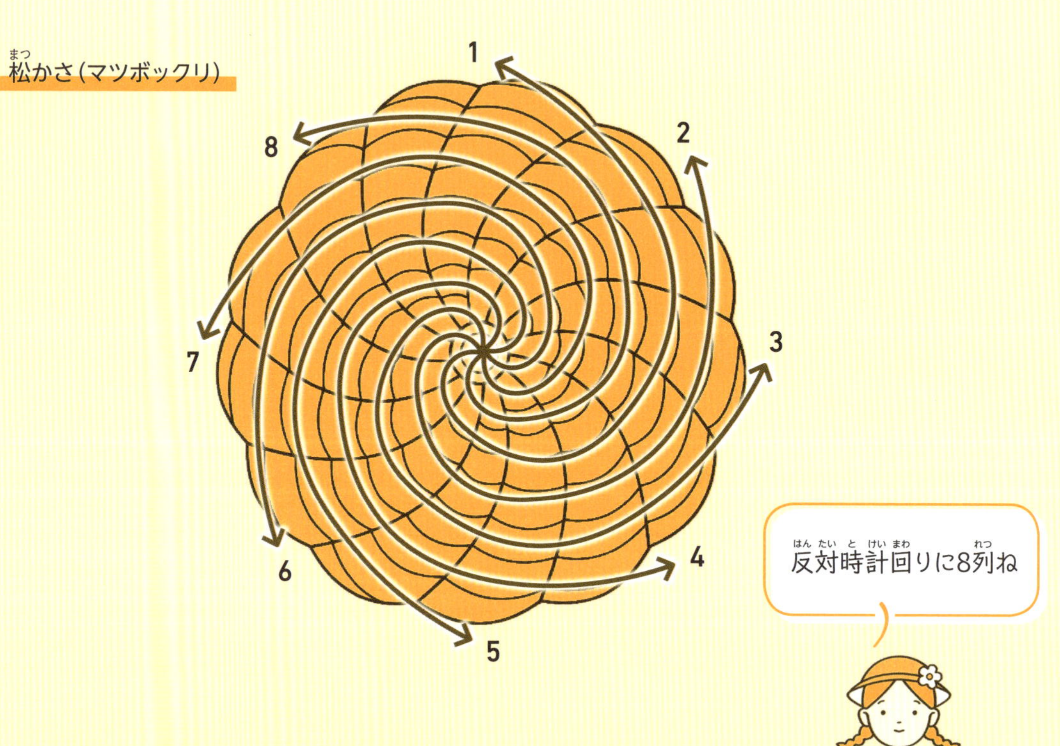

時計回りと反対時計回りで決まった法則がある

松の木になっている松かさ（マツボックリ）は、小さく区切られたものがうずまき状になっている。これを真上（木になっている状態では下）から見ると、決まった法則になっているのが確認できるよ。

上の絵は反対時計回りに8つの列になっている。右ページの絵は時計回りに13列になっている。8と13はフィボナッチ数列に出てくる数字。こうした螺旋の法則はほかの植物でも見られるよ。

もようのような部分が閉じている状態のときに確認しよう！

左ページと同じ松かさ(マツボックリ)

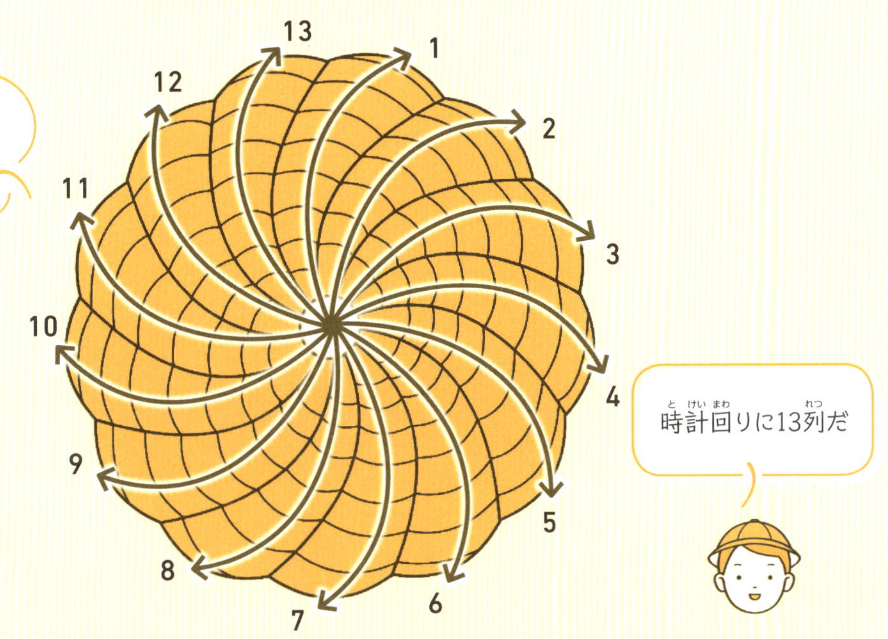

フィナボッチ数列は、基本的に時計回りで数えるよ！

時計回りに13列だ

▶パイナップルの果実のならび方にも法則

パイナップルは小さな果実が集まってできた果物。小さな果実（表面のうろこ状のもの）のならび方も松かさのようにフィボナッチ数列になっているよ。左の絵のように螺旋になっている列を数えると、8列、13列、21列になっている。5列、8列、13列のものもある。

ひまわりを見てみよう！

この部分
中心にも小さな花びらが集まっているよ

花びらが螺旋状についている

まわりを囲んでいる大きな花びら（花弁）。じつはひまわりの花びらはこれだけでなく、中心にたくさんある小さなつぶつぶも花びら。真ん中から外側に広がっていくように花びらがついている。

これを時計回りで数えると21列や34列、反対時計回りで数えると34列や55列。フィナボッチ数列に出てくる数字だね。ひまわりのすべてが、この列になっているわけではなく、ちがいがある。花びらの数はいろいろで、1000個以上のものが多いよ。数えるのは大変だね。

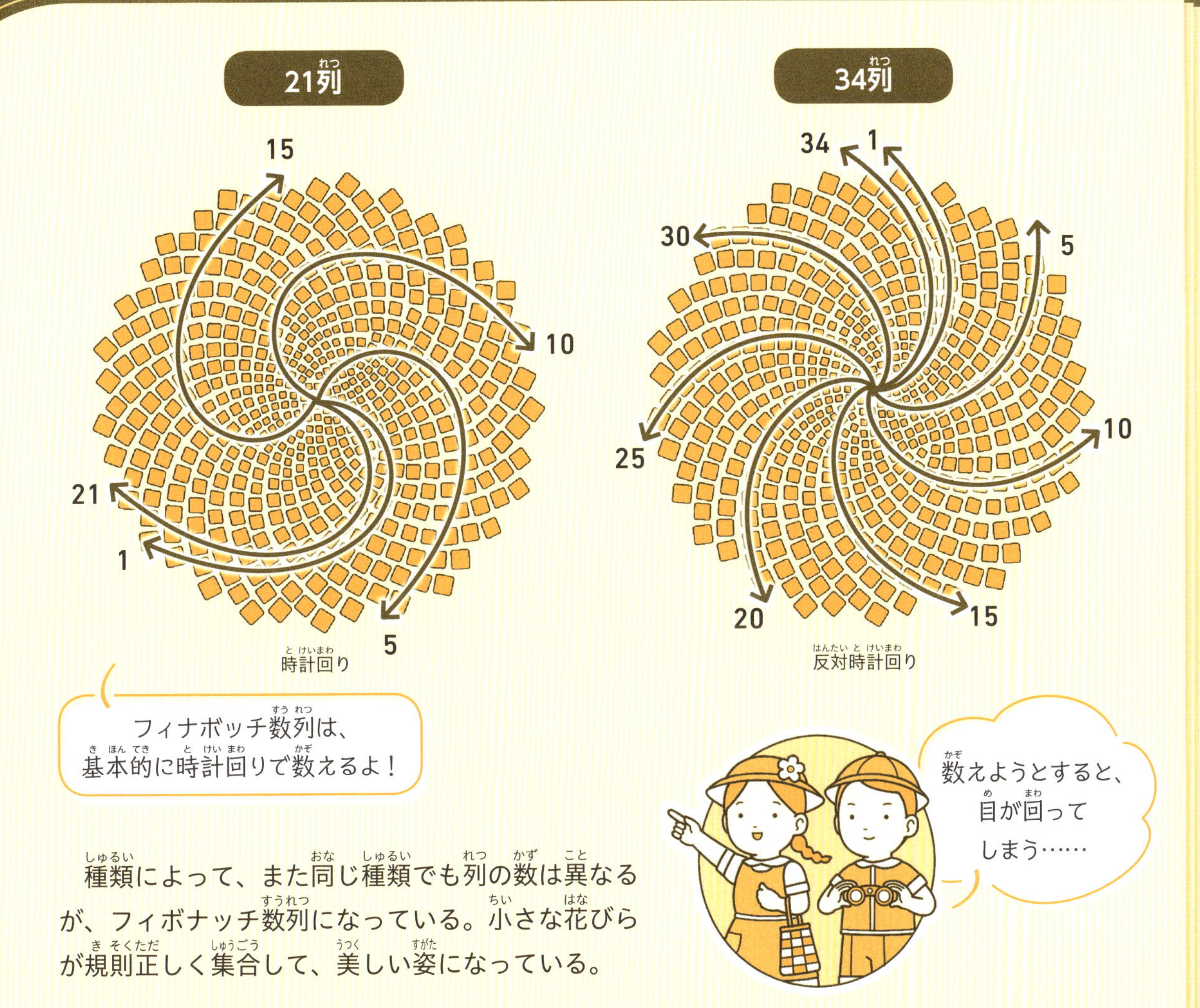

種類によって、また同じ種類でも列の数は異なるが、フィボナッチ数列になっている。小さな花びらが規則正しく集合して、美しい姿になっている。

数えようとすると、目が回ってしまう……

▶ひまわりにはたくさんの種ができる

右の絵はひまわりの種ではなく、実際は果実。種はこの中にあるんだ。果実は筒状花（左の写真で丸がこみの中のつぶつぶ）の1つにつき、1つができる。だからとてもたくさんの果実（＝種）があるんだよ。

螺旋を持った生き物を見てみよう

植物にフィボナッチ数列との関係があったように、生き物にも関係があるかもしれない。螺旋を持った生き物を例にして調査！

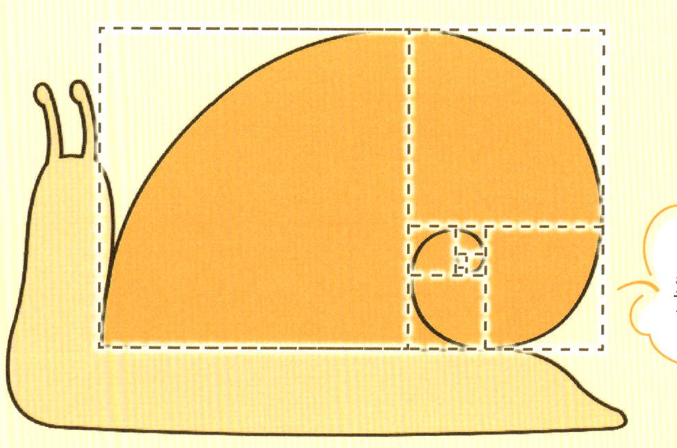

ぐうぜんにも
黄金螺旋とぴったり

フィボナッチ数列とは別の法則かも

上の絵はカタツムリの体の一部を黄金螺旋にしたもの。植物の螺旋と同じようにフィボナッチ数列と関係がありそうだけれど、関係を結びつけるような研究は今のところない。ただ、別の数字の法則が関係しているともいわれている。

数と生き物の関係は、自然のみりょくやひみつを知るための手がかりになるかもしれないね。ちなみに、カタツムリの殻のうずは、右まきと左まきの両方があるそう。

▶カタツムリの殻は冬をこしたら線ができる

木はどんどん大きくなることで、年輪ができる。カタツムリも成長することでうずのまき数が一定数までふえていくよ。そして、冬をこすごとにタテに線が入っていくよ。このタテの線がたくさんあると長生きということになる。

冬ごしすると
線がふえていく！

オウムガイの殻は黄金螺旋にそっくり！

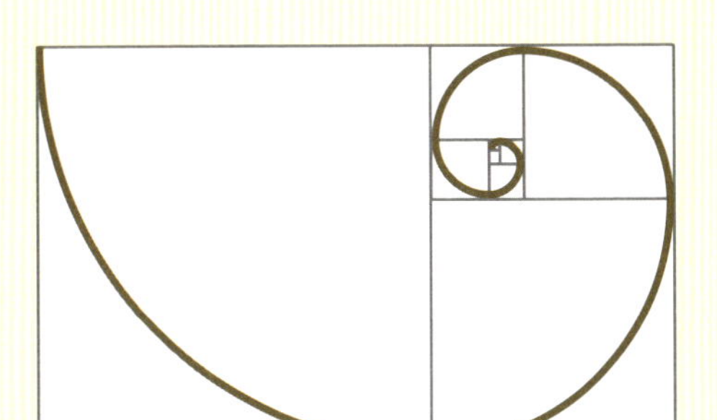

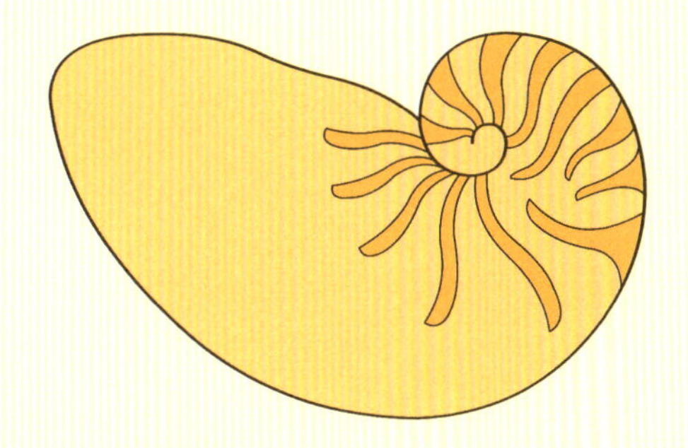

2つを重ねてみると……

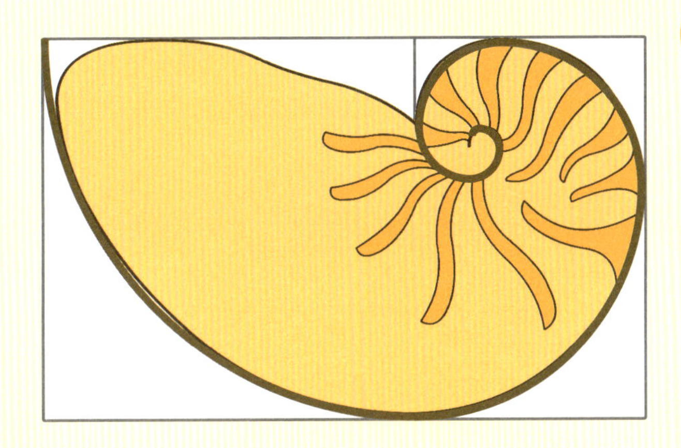

形がとても似ているよ！

ぐうぜんだとしても、発見するとおもしろいね！
オウムガイはぜつめつの危機にあることも知っておいて

うん、数の勉強で自然や生き物のことを学べるんだね！

黄金螺旋ではなくても、規則的な螺旋で成長するものがある。例えばヒツジのツノがそうだね

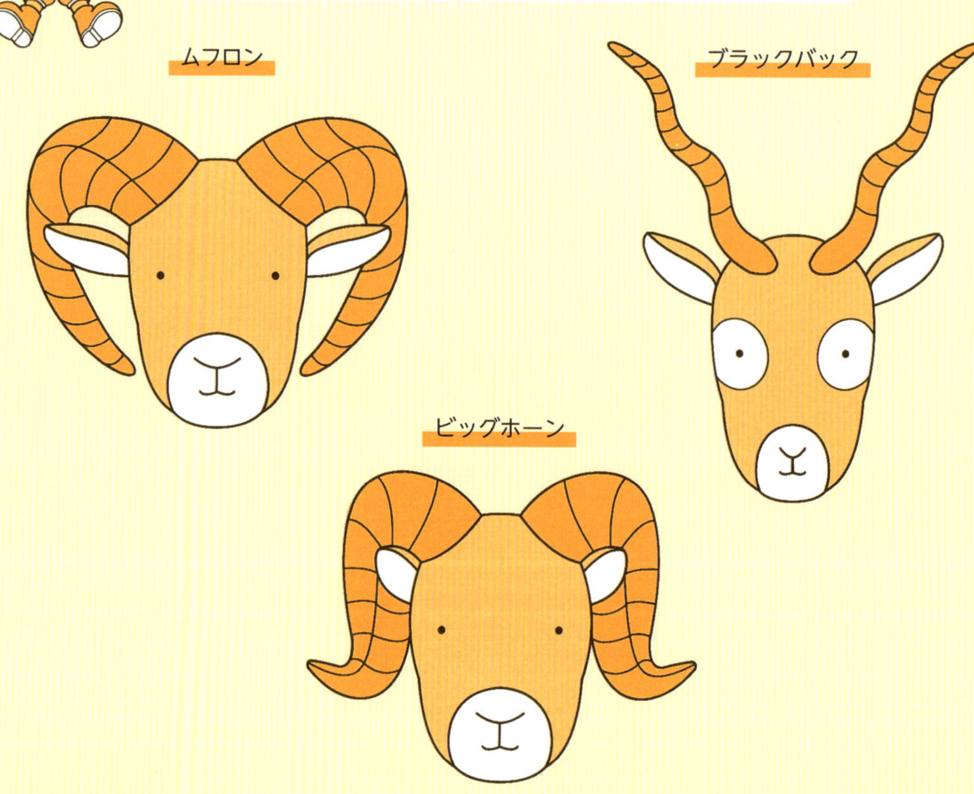

生き物が無理なく成長できる形

地球にはさまざま生き物がいて、その中には不思議な体をしたものもたくさん。ヒツジはうずまきになったツノを持った種類もある。ツノは成長して伸びていくけれど、その際、無理なく成長できるように決まった形になっているという考えがあるよう。カメのこうらが形をかえずに大きくなっていくのも同じような性質があるのかもしれないね。こうした生き物の体やくらし方などの研究者も“数”を取り入れて調べていることがあるよ。

体の形だけでなく、螺旋をえがいて動く生き物もいる。
ミツバチが花に向かって飛ぶときがそうだよ！

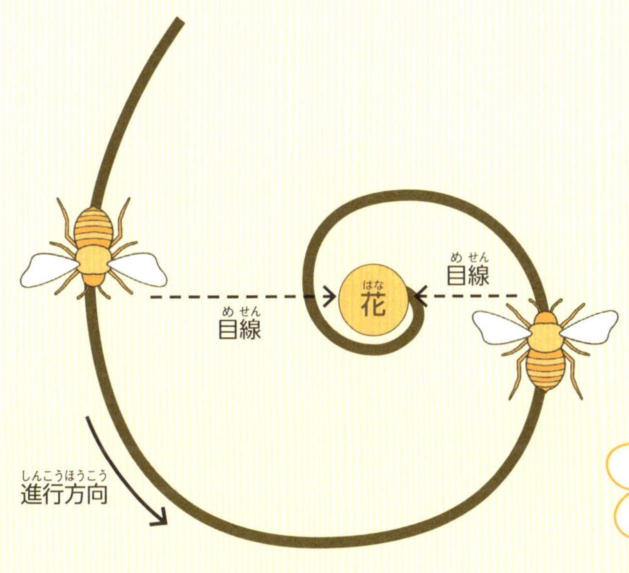

花のまわりを
飛んでいるところを
よく見るよね！

昆虫は人間のように目でものをとらえる仕組みになっていない。光をたよりに動いており、ものに対して一定の角度を保つようにして移動する。その特性によりぐるぐる回りながら花に向かっているんだ。

▶黄金比には「黄金角」というものもある

「1:1.618」という黄金比は、長さだけの比率だけではない。1周360度を黄金比で分けた角は、「137.5度」になる。木の枝や植物の葉、マツボックリ、ひまわりの中心部の螺旋にもこの角度が関係しているといわれているよ。

絵画に黄金螺旋を当てはめよう

黄金比を使った芸術作品はいろいろあったよね。
その中に黄金螺旋が当てはまるような絵もあるんだ。

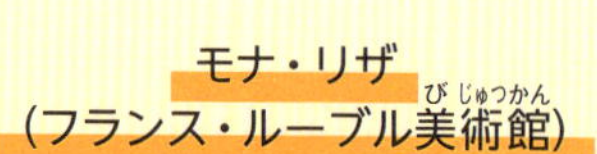
モナ・リザ
(フランス・ルーブル美術館)

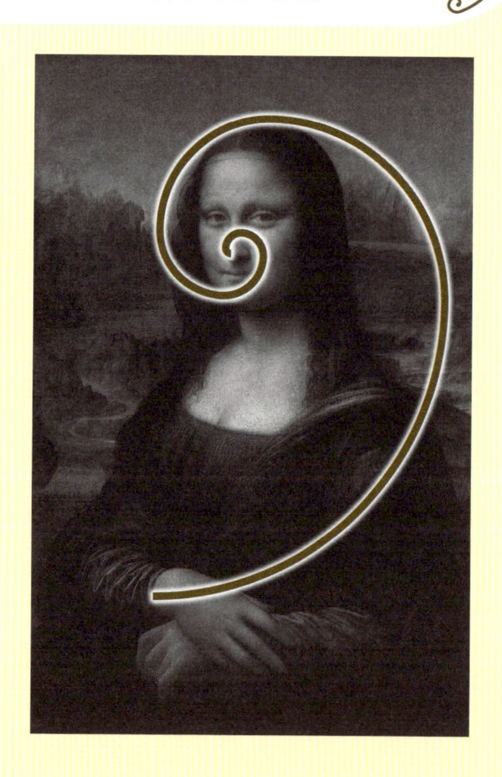

黄金螺旋が芸術の「美」をつくる？

モナ・リザの絵の女性の顔の比率が、「タテ1.618：ヨコ1」の比率になっていることはしょうかいしたね（P62）。上の絵（写真は本物ではなく複製したもの）は黄金螺旋を重ねたもので、曲線が顔をつつむようになっていて、中心部が鼻のところにあるね。

黄金螺旋を意識してつくられていたかどうかは、わからない。この絵をぱっと見たとき、みんなは最初にどの部分に注目したかな。どうしてその部分を注目したのだろうか？

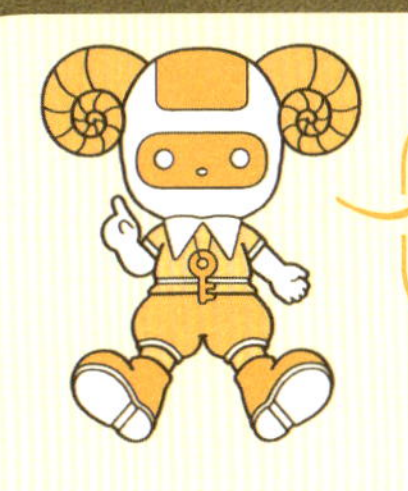

日本の絵画にも黄金螺旋を重ねたよ！
これもぐうぜんなのだろうか……？

富嶽三十六景・神奈川沖浪裏（葛飾北斎）

江戸時代につくられた浮世絵で、世界的に有名な作品（写真は本物ではなく複製したもの）。黄金螺旋の中心が富士山の位置になっている（左の絵）。黄金螺旋の角度をかえると、中心部が波の先になるね（右の絵）。まるで見る人の目をコントロールしているようだね。

黄金螺旋を意識して
絵をかいてみようかな

身のまわりに黄金螺旋はあるかな？

みんなの身のまわりに、黄金螺旋が重なるものがあるかもしれない。
絵や写真、映像などを見てみよう。

もののデザインにはバランスがある

上の花の絵は、右下に花があり、黄金螺旋の中心が花の中心と重なっている。写真のさつえいには構図といって、うつしたいものがどの部分にくるとより美しく、強い印象になるかを考えられている。これは、本やポスター、映像などのデザインでも同じ。これらのテクニックのひとつに、黄金比や黄金螺旋もあるよ。バランスを考えられたものなのか、ぐうぜんなのか。みんなはどんな印象を受けたかな？

こんな写真も見つかったよ
みんなも探してね！

ネコの体が
黄金螺旋の曲線に
なっている！

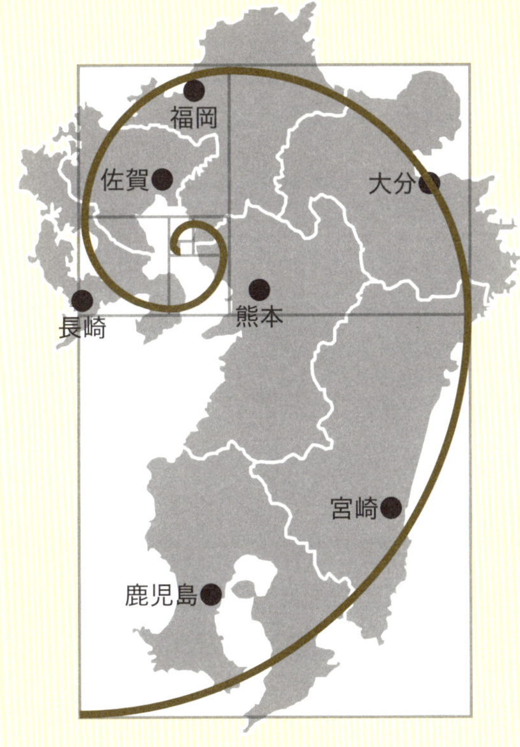

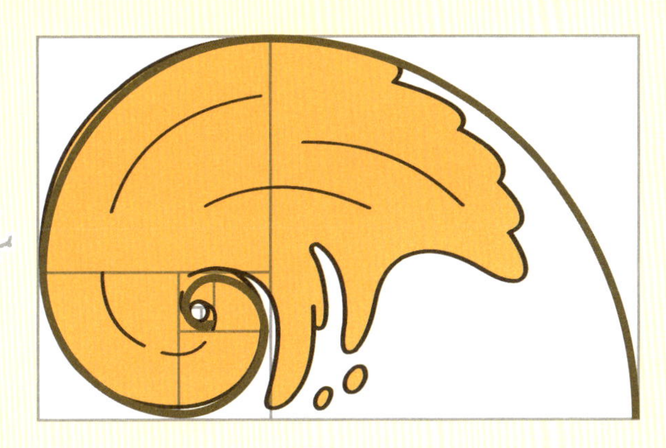

ぐうぜんだとしても、ものや場所の形が
黄金螺旋に見えるのはおもしろいね。
台風のうずまきも黄金螺旋になることが
あるかもしれない！

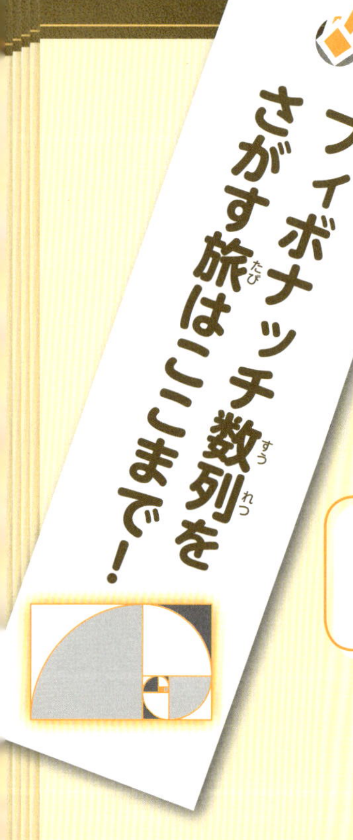

フィボナッチ数列をさがす旅はここまで！

数の法則を理解するのはむずかしいけれど、身のまわりに数が関係していることはわかったよね？

木のぼりするときに枝を数えてみるよ！

ひまわりの絵を本物のようにするのはたいへんね！

そうだね
ではでは、ここで問題です

10段の階段があるよ。1歩で1段上がる方法と、
1歩で2段上がる方法がある場合、10段までののぼり方は何通りあるかな？

実際にのぼって確かめてみようか？

時間がかかるし、つかれるわ
きっとこれもフィボナッチ数列よ！

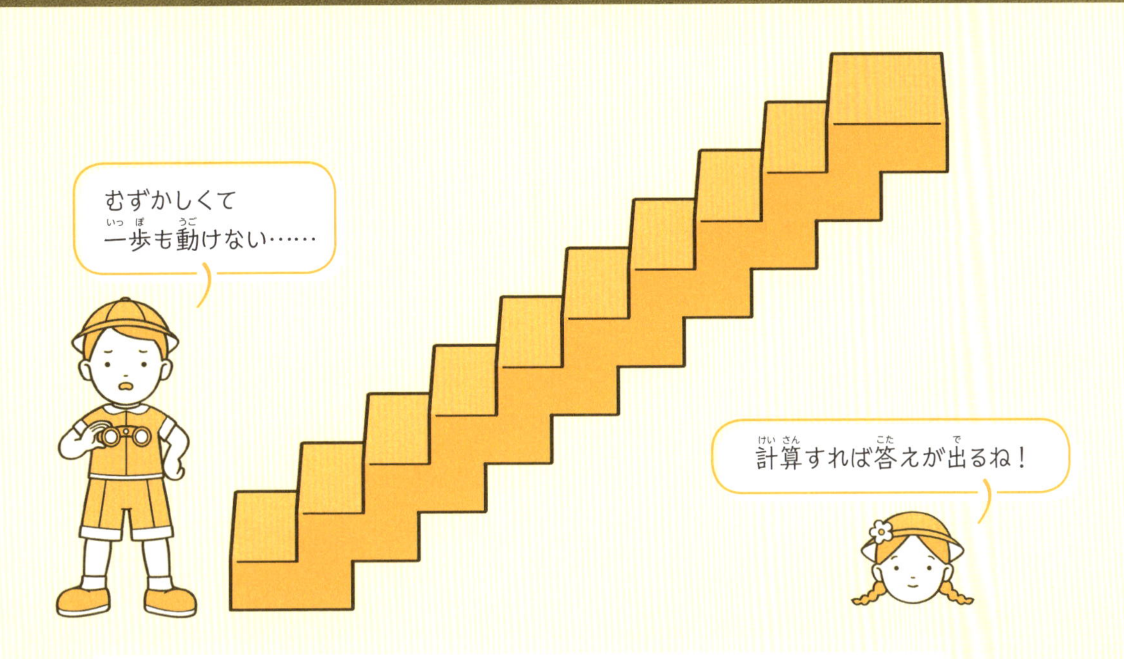

1段目：「1段」のみ➡1通り
2段目：「1段＋1段」「1歩で2段」➡2通り
3段目：「1段＋1段＋1段」「1段＋1歩で2段」「1歩で2段＋1段」➡3通り

1→2→3→5→8→13→21→34→55→ ？

答え ______

⇒ 答えはP123

チャレンジ

黄金螺旋で絵をかいてみよう！

黄金螺旋を使って絵をかいてみるとおもしろいよ。
黄金螺旋のかき方は59ページでしょうかいしているよ

例

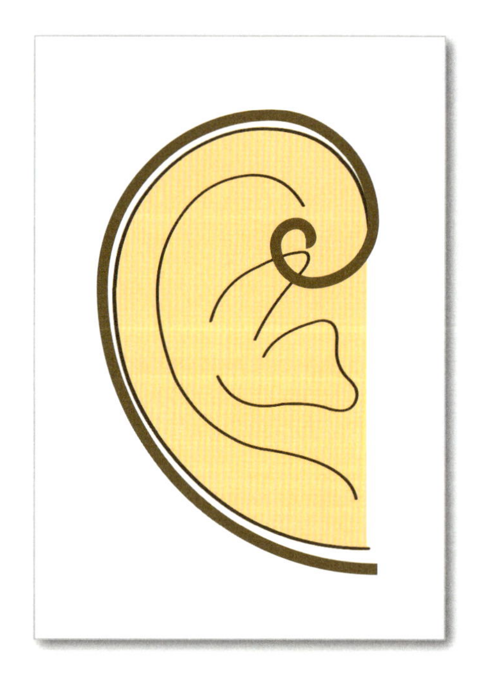

黄金螺旋をいくつか組み合わせてみようかな

きっときれいな絵になるよ

下の図形の上に紙をのせて線をなぞれば黄金螺旋をかけるよ！

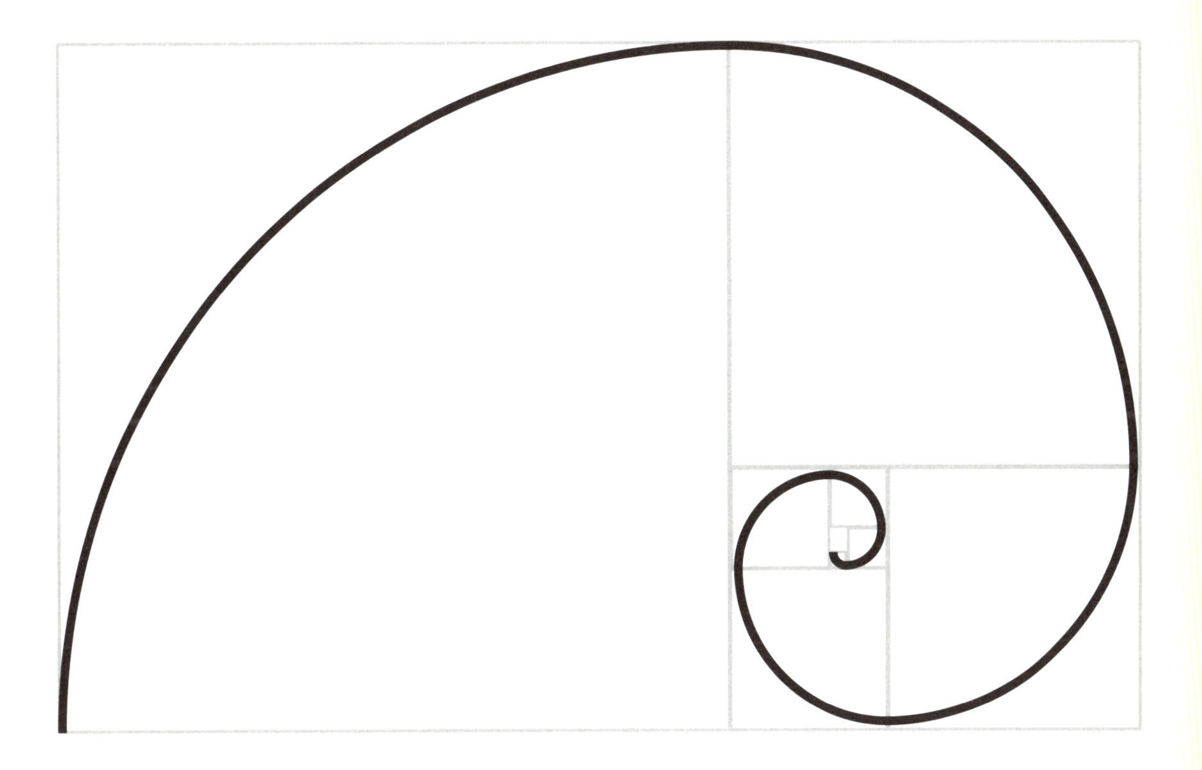

生き物のしっぽにも見えるなあ

おもしろい見方だね
次のページでアンとトムの作品をしょうかいするよ！

4つの黄金螺旋を
組み合わせたら
円になった！

まさに
グラフィックアートだね!!

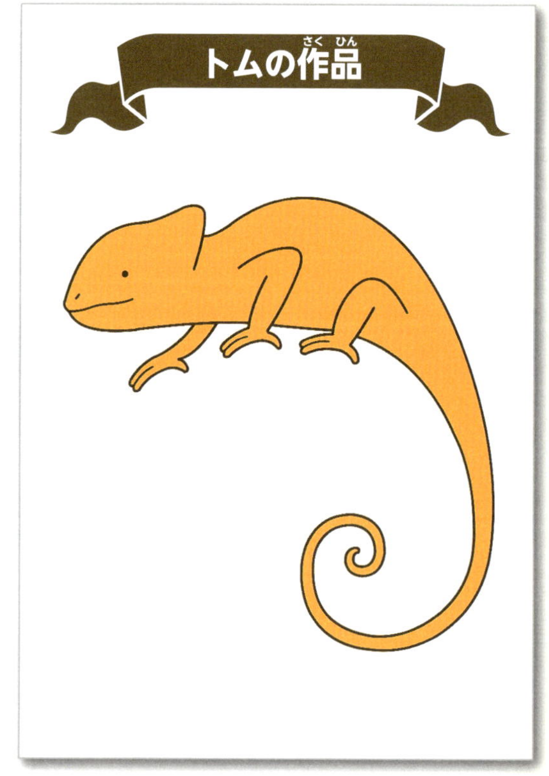

カメレオンのしっぽだよ！
木の枝にいる様子を
イメージしたんだ!!

螺旋の外側に
絵をかくというのは、
いい発想だね!!

黄金長方形(おうごんちょうほうけい)にできる正方形(せいほうけい)の部分(ぶぶん)に円(えん)ををかいたよ
ここになにかを入(い)れるだけで、作品(さくひん)になるよ！

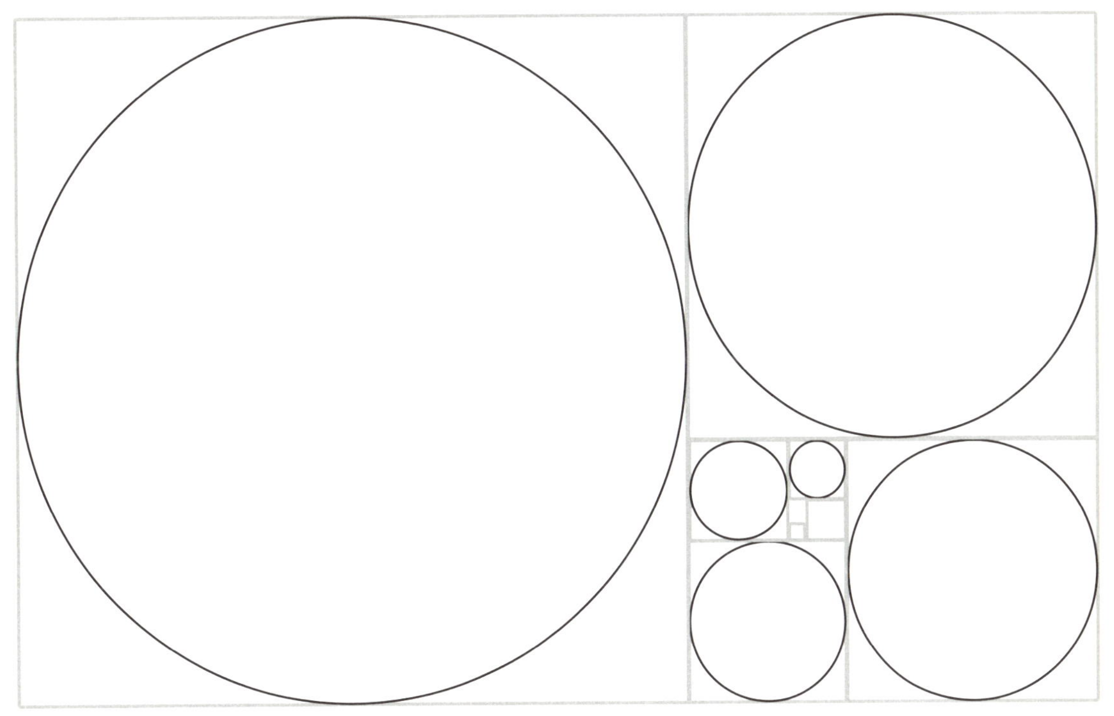

いろいろな色(いろ)で円(えん)をぬると、おもしろいかも！

さまざまな大(おお)きさのまるい食(た)べ物(もの)をかこうかな

MANABIは発見！

黄金比は本当に美しい？

不思議な形なのにバランスのよさを感じる

規則的な形だと心が落ち着くのかなあ

数でつくれる「美しい」があるかもしれない

多くの人が同じものを見て、全員が「美しい」と感じるかはわからない。黄金比はずっと昔からものづくりに用いられているので、無意識になれ親しんだ比率ともいえる。また、植物とフィボナッチ数列との関係性があることから、自然にいい印象を受けているのかもしれない。みんなはどう感じるだろうか？

4章

いろいろな形がある

シンメトリーや黄金比、フィボナッチ数列のほかにも、さまざまな数が地球にかくれているよ！

1つとして同じ形がないもの

自然の中には大きく分けられる形はあるけれど、それぞれが少しずつちがうものがある。みんながイメージしている形は本当の形だろうか？

雪の結晶

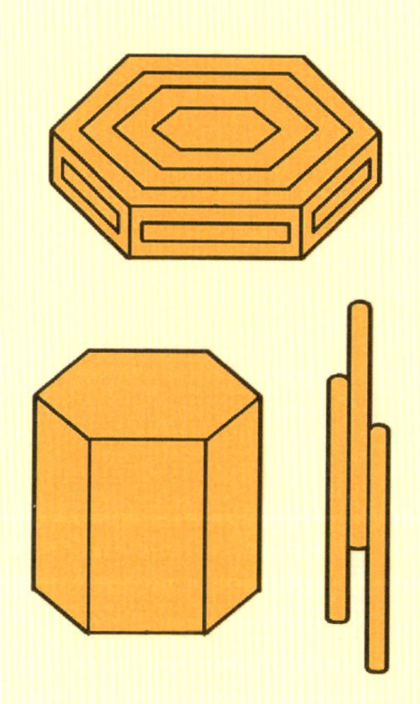

結晶の形は常に変化しているんだ！

雪の形は気温などによってかわってくる

雪は、最初は氷であることを知っていたかな？　氷の小さな結晶が空からふってくる間に気温や水蒸気の状態によって雪の結晶にかわるんだ。雪の結晶の形はたくさんの種類があるよ。上の左の絵はよく見る雪の結晶のイメージだね。ところが、その右側にある形も雪の結晶だよ。雪がふっている日、その雪はどんな形なのか想像すると楽しいかもしれないね。自然の中には同じような形に見えて、少しずつちがうものがたくさんあるよ。

同じように見えてちがう形のものを見てみよう

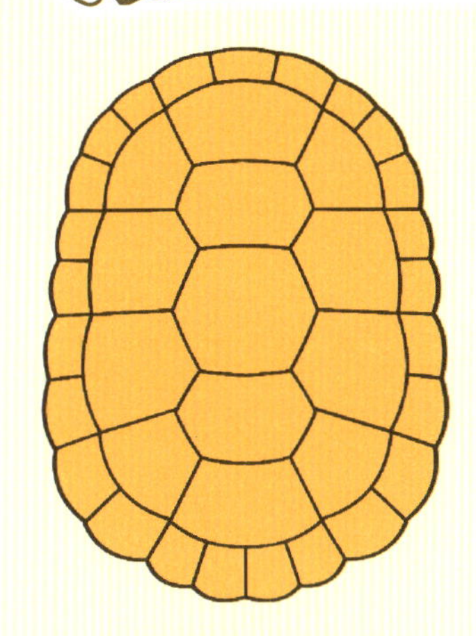

カメのこうら

もようのようになっているね。すべて同じ形だろうか？ よくかんさつすると、いくつかの形の種類に分けられるよ。同じ種類の形でも少しずつ形がちがうよ。

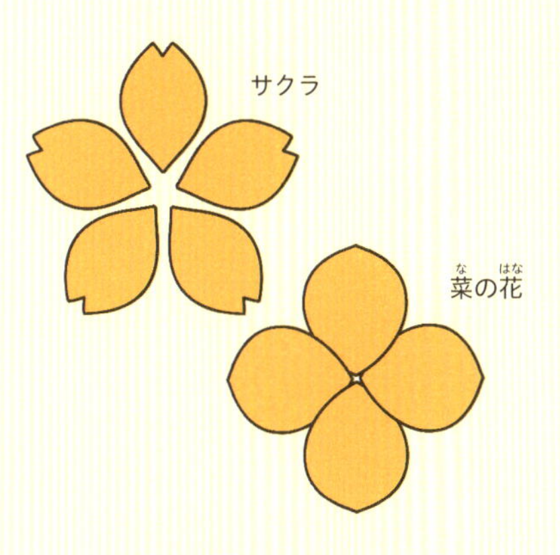

花びらの数

サクラの花びらの数は種類によってちがう。ただ、原種（もととなる種類）の花びらは基本的に5枚。菜の花は基本的に4枚。花びらの数はフィボナッチ数列とは確かな関係はないみたいだね。

♣クローバーも四葉のものがあるよね！

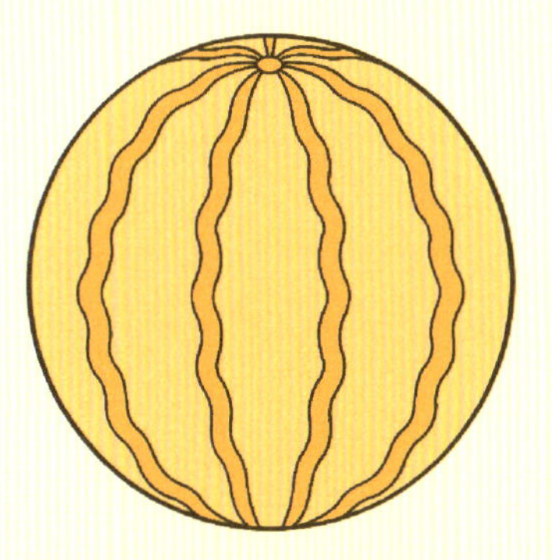

スイカのしま模様

畑やお店にならんでいるスイカを見ると、似ているようでしまもようの形がちがう。あまいスイカはしまもようにでこぼこができるといわれている。もようの形で味が見分けられるのもおもしろいね。

さまざまな分野の研究が進むと、新しい法則が発見される可能性もあるよ！

自然物でできる美しい曲線

曲線でつくられた形にも規則的に見えるものがある。
水や光、砂など自然の中にあるものの芸術作品を見てみよう。

ふんすい

打ち上げ花火

カーブをえがいた様子が美しい

シャワーから出てくる水を上向きにすると、水が上がって曲線をえがくように床に落ちていくよね。この曲線を放物線というよ。公園にあるふんすいは、その光景がとてもきれい。また、打ち上げ花火は、空にカラフルな火が広がるよね。

ふんすいや打ち上げ花火は、自然の力がどのように動くかを計算してつくられたもの。人間と自然が協力してできる芸術作品ともいえる。定規やコンパスを使わずにできる規則的な形は、多くの人が「美しい」と感じるものだね。

いろんな種類のふんすいがあるよね！
みんなの家の近くの公園にもあるかな？

砂に曲線のもようをえがいた作品があるよ！

枯山水

水を使わずに、砂や石で池や滝のような光景をつくる庭を「枯山水」という。写真は砂に曲線をえがいて水面を表現したもの。規則正しい形をしているね。これは、短い鉄などの歯がついたレーキという道具を使って、人がていねいにつくったものなんだ。

▶水たまりにふる雨でできる形

雨の日に水たまりに何重にもなった円を見たことはない？雨が水たまりに落ちるときに「波動」という原理でできる形なんだ。雨の日だけに見られる美しい形だね。

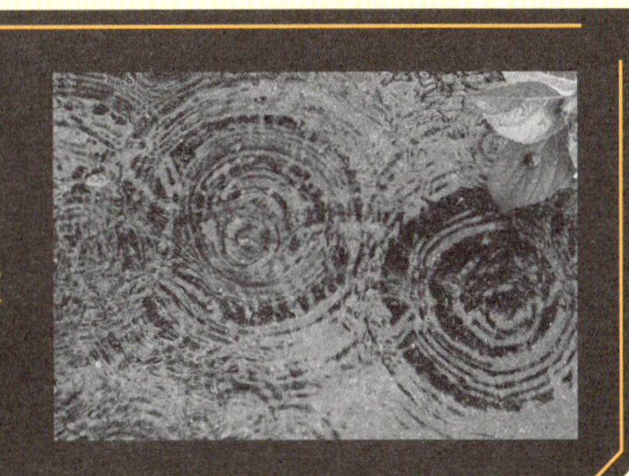

五角形や六角形のひみつ

黄金三角形を組み合わせると、正五角形ができるよね（P57でしょうかい）。
この五角形や六角形のとくちょうを見てみよう。

ハチの巣

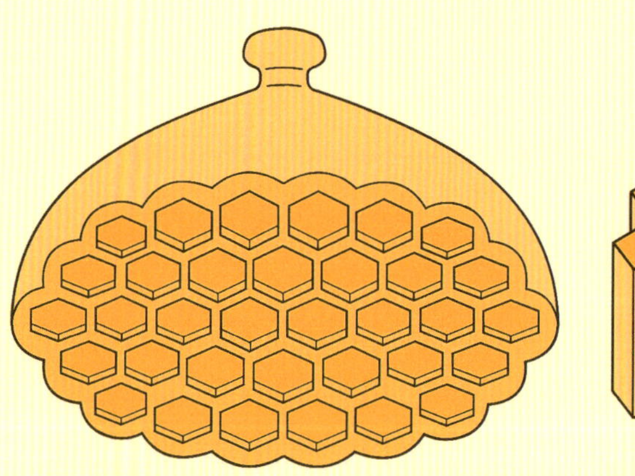

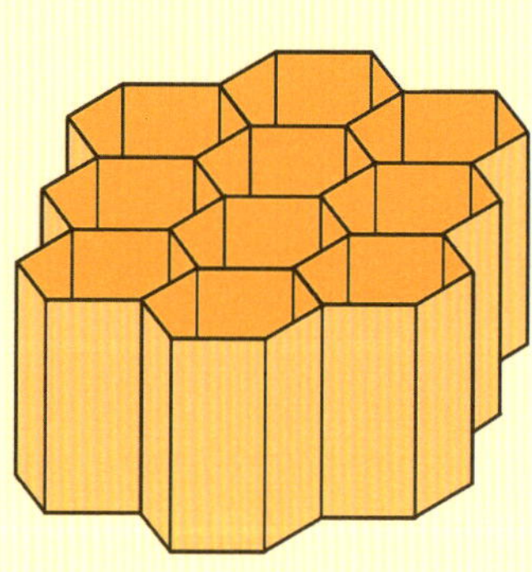

ハチの巣は六角形がたくさん集まっている

人間の住む家はがんじょうでなければならないよね。ハチの巣も同じ。巣はたくさんの部屋が集まってできるけれど、部屋と部屋をすきまなくするには、正方形か正三角形か正六角形しかない。そのなかで最も広い面積になり、がんじょうになるのが正六角形なんだ。また、壁を３つつくっていけば正六角形の部屋が次々にできることから、つくりやすいとともいわれているよ。正三角形をしきつめると同じ面積にするには大変なんだ。この六角形でつくるハチの巣の構造を「ハニカム構造」といって、飛行機や建築物などにも用いられている。

自然界にある規則正しい図形には、ちゃんと意味があるんだね。それを人間が取り入れるときは、数による計算が行われる。自然と数の関係が、みんなの生活につながっているんだ。

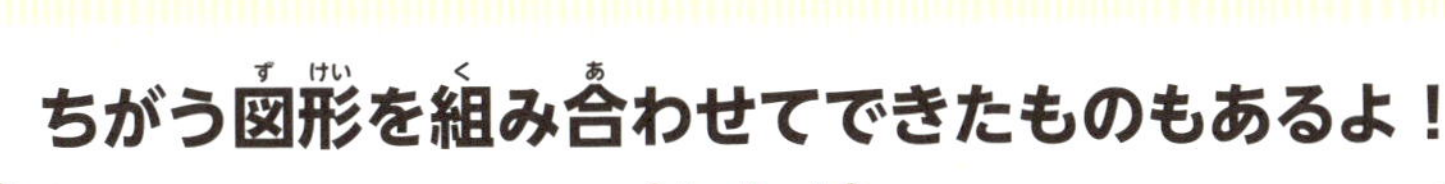

ちがう図形を組み合わせてできたものもあるよ！

サッカーボールは正五角形と正六角形の組み合わせ

1枚の紙や布で、きれいな球体をつくることはできない。そこで何枚かを組み合わせてできるだけ球体になるようにする。サッカーボールがそうで、正五角形が12面、正六角形が20面でできているよ。組み合わせ方は右下の図のようになる。この32面体は、古代ギリシャの科学者・アルキメデスが考えた「アルキメデスの立体」とよばれる形のひとつなんだ。

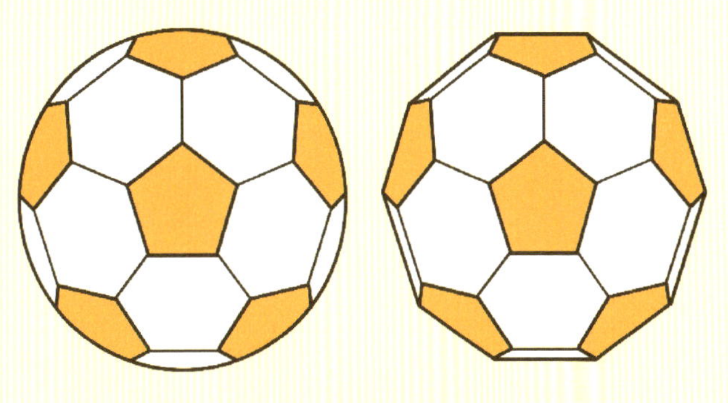

サッカーボールを開いて平面にした図

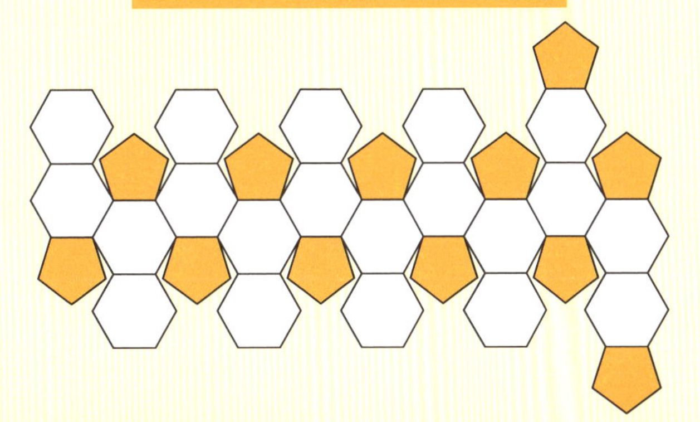

▶サッカーのゴールネットは六角形の組み合わせ

ハチの巣の「ハニカム構造」を取り入れているよ。じょうぶで壁（ネットの場合は糸の辺）が少なくてすむので、ネットの前と後ろが広く見える。また六角形は伸びる方向も三角形や四角より多いので、ネットに当たったボールの光景もきれいだといわれているよ。

生き物の体のもようのひみつ

茶色のウマとシマウマがいた場合、どちらが目立つだろうか？
人間はもようのあるものを自然に意識するともいわれているよ。

熱帯魚

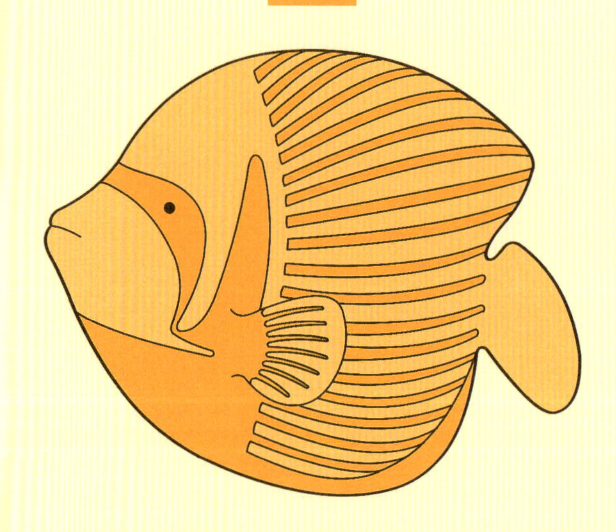

熱帯魚やシマウマのもようは体のある部分の変化

水族館や動物園に行くと、体にもようのある生き物がたくさんいるよね。このもようは、体にある細胞の変化によってできていることが研究でわかっているよ。しかも、どのようなもようになるのかが、コンピューターを使った計算でわかるともいわれているんだ。熱帯魚やシマウマ、キリン、ヒョウなどのもようは「チューリング・パターン」とよばれるよ。

生き物のもようは、洋服やカバンなどのファッションにも使われているよね。人間が「美しい」と感じるものが、生き物には自然にできていて、それを「数の法則」を使ってつくることができる。

さまざまな研究が進むことで「数の世界」はどんどん広がっているよ。

生き物のもようをよくかんさつしてみよう！

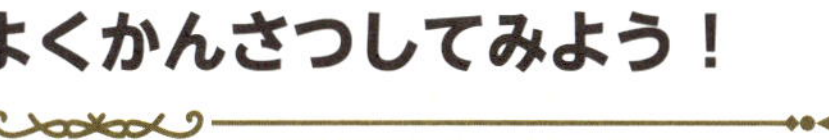

もようの入り方や
大きさがちがうね！

シマウマ

キリン

熱帯魚はいろいろな種類がいて、
めいろのようなもようや、カラフルな
もようなどの体もあるよね！

数の法則を使えば、
きれいな洋服ができるね！

生き物が芸術作品をつくる

生き物の体の美しさだけでなく、生き物が美しいものをつくることもあるよ。
生き物は数を計算できるのだろうか……。

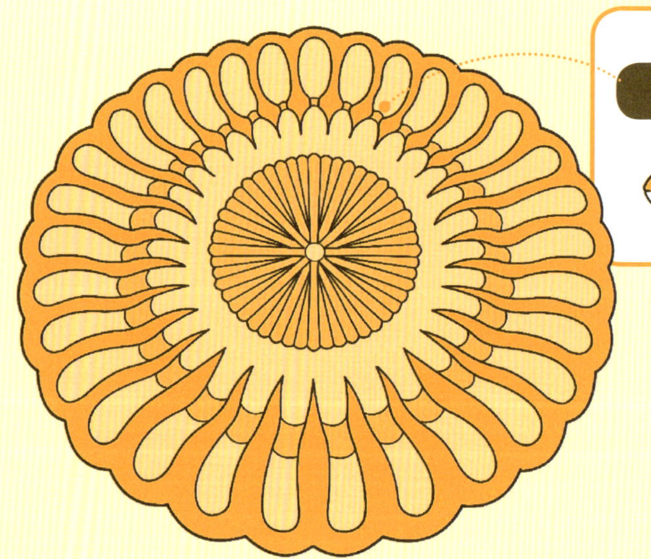

つくったのは

アマミホシゾラフグ

約10cmの体で直径2mほどの作品をつくる

海底にミステリーサークルが発見されたよ。このサークルは消えることもあるんだ。それはとても人間がつくることができないようなもの。これをつくった正体は、アマミホシゾラフグという10cmほどの魚なのだ。中央に小さな円があり、大きな円との間には、放射線状のみぞが規則的にあり、まるでグラフィックアートのよう。これは産卵のためにつくられたもので、アマミホシゾラフグは図面もなしに、しかも小さなヒレで砂をまき上げて作業をしていくそうだ。

安全に産卵をし、外敵から卵を守るために何日もかけてつくられたのに、役目が終わると消えてしまうのは、なんだか残念だね。

クモの巣もクモがつくった芸術作品だよね！

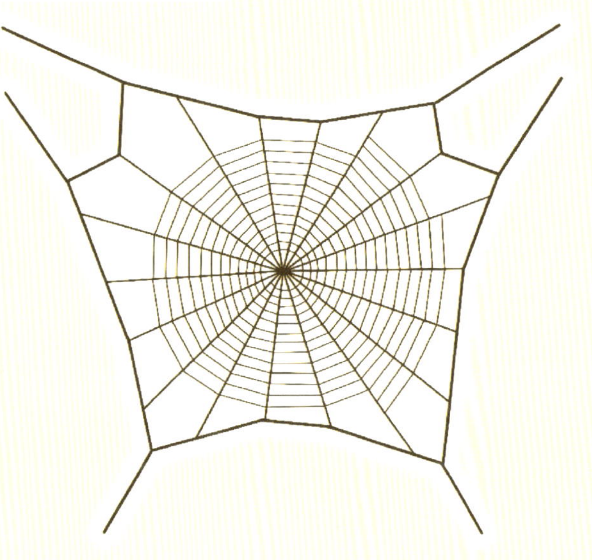

クモの巣

生き物が巣にふれたときのゆれを感じて、狩りをするクモ。おしりから糸を出して、中央からどんどん大きな円をつくっていく芸術家だね。この細い巣の上をたくみに移動するクモの能力もすごいよね。

真ん中から外側に円がどんどん大きくなっている！

▶星の動く様子を写真にとるときれいな円のもようができる

地球から見た星は少しずつ動いている。とくしゅな技術を使うと、星の動きが光の線になってさつえいされるんだ。星の動く速さや角度といった数が関係しているよ。

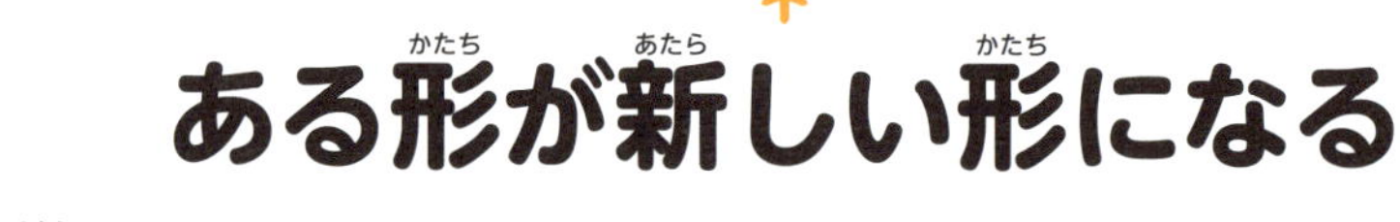

ある形が新しい形になる

形のとくせいがグラフィックアートなどで活用されることがある。同じ形をくり返していくと、ふくざつな形に見えるからふしぎだね。

コッホ曲線

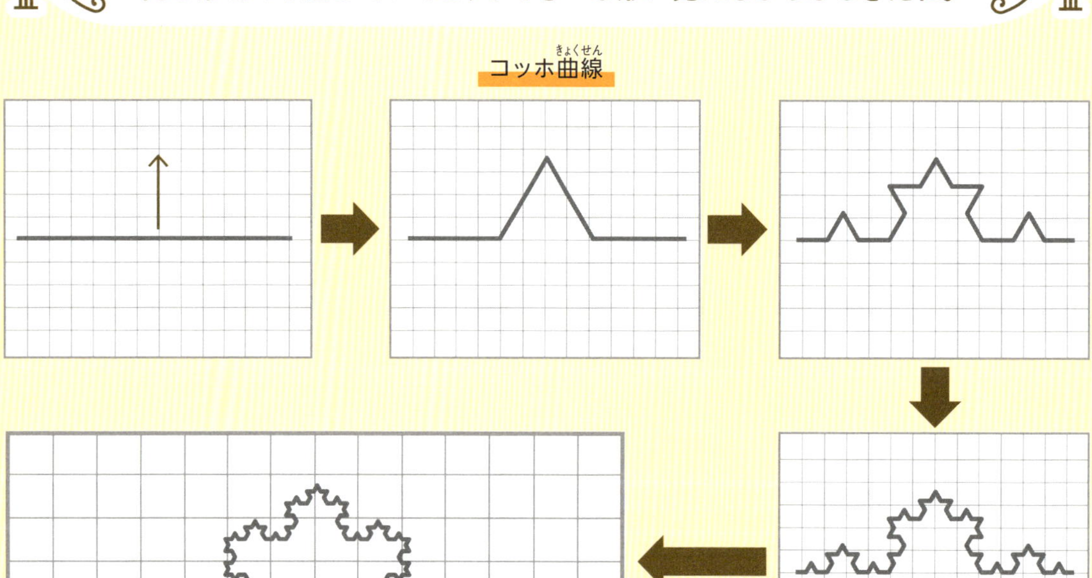

形の構造をくり返していく

上の図形は、「コッホ曲線」とよばれるもので、「フラクタル構造」の代表的なもの。「フラクタル構造」をかんたんに説明すると、ひとつのルールで成り立つ形が何度もくり返される構造。コッホ曲線は直線に三角形をつくるという構造をくり返してできた図形だよ。

とてもふしぎな形に見えるね。これは無限に続けることができる。

この構造を使ってグラフィックアートにしたり、ファッションやインテリアに取り入れたりされているよ。これらの図形の面積や辺の長さなどは、数式にすることもできるんだ。

フラクタル構造でこんな形をつくることもできるよ！

コッホ雪片

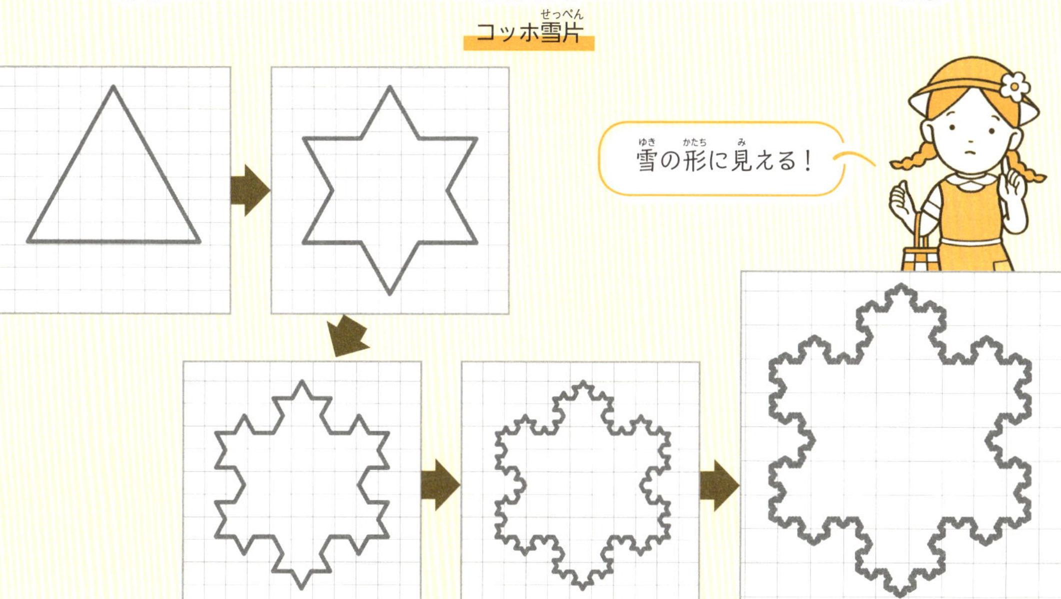

シェルピンスキーの三角形

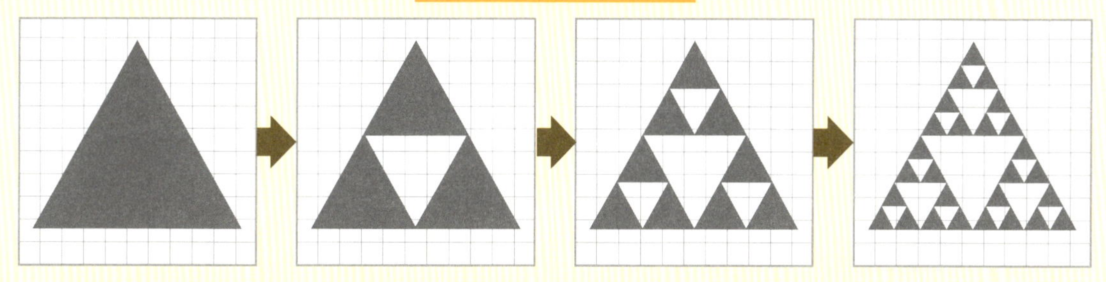

▶自然界にあるフラクタル

シダ植物の葉は、細長い葉がたくさん集まって、大きな葉の形になっている。山や海岸線、雲などにもフラクタル構造がかんさつされているよ。

数について研究した人

黄金比やフィボナッチ数列は、さまざまな研究者によって発案されたもの。
その中で代表的な人をしょうかいしよう。

紀元前って古代だよね!?
そこから数の研究が
続いているんだ！

黄金比を示す数式を発案！

古代ギリシャで活やくした数学者、哲学者。黄金比をはじめ、さまざまな数の法則を発案した。その業績は、今の算数や数学の基礎をきずいたといってもよい。とても古い時代に活やくした人なので、どのような生活を送っていたかは記録に残っていない。エウクレイデスがつくった本『原論』の写本（もとの本を書き写したもの）の一部が発見されている。この本をもとに、のちの数学者が研究を進めた。

数について研究した人を「数学者」ともいうよ。
なんだかはずかしいなあ……

レオナルド・フィボナッチ
(1170年ごろ〜1250年ごろ)

本名は
別にあるんだ……
あれっ!? ピサ!?

フィボナッチ数列の名前のもとになった！

中世のイタリアで活やくした数学者で、エジプトなどを訪れてアラビア数学を学び、ヨーロッパで広めた。これにより、一般の人にも計算の知識や技術が広まったとされる。フィボナッチは『算板の書（算盤の書）』という本もつくった。この中に、うさぎを例にしたフィボナッチ数列の問題（P76）がのっている。フィボナッチは子どものころから、「数」のことばかりを考えていたといわれている。本名はレオナルド・ダ・ピサ。

数の世界は続く

あれ!?
元にいた場所にもどった
ピサ、今のは
夢だったの？

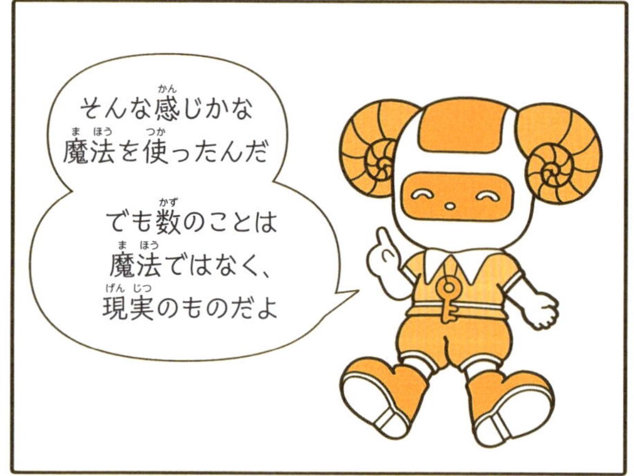
そんな感じかな
魔法を使ったんだ
でも数のことは
魔法ではなく、
現実のものだよ

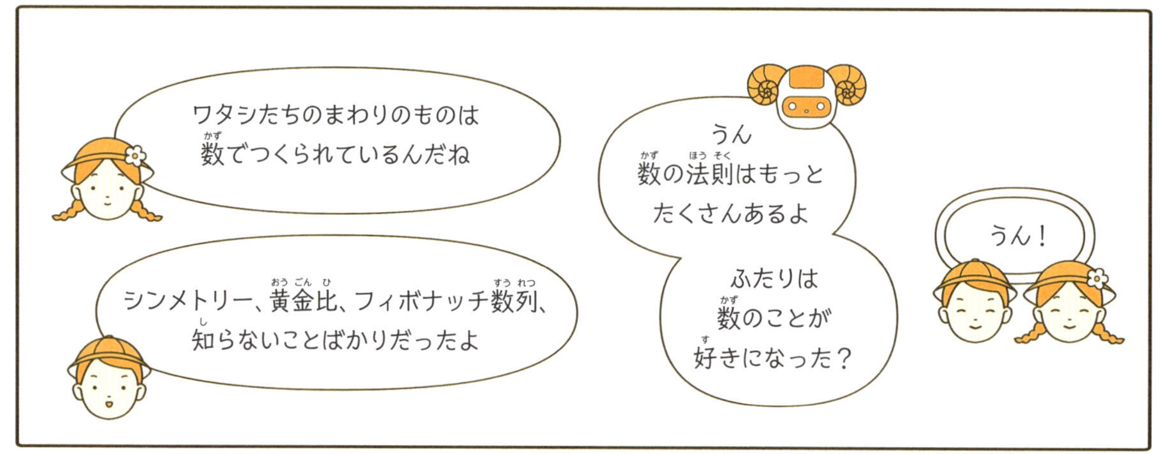
ワタシたちのまわりのものは
数でつくられているんだね
シンメトリー、黄金比、フィボナッチ数列、
知らないことばかりだったよ
うん
数の法則はもっと
たくさんあるよ
ふたりは
数のことが
好きになった？
うん！

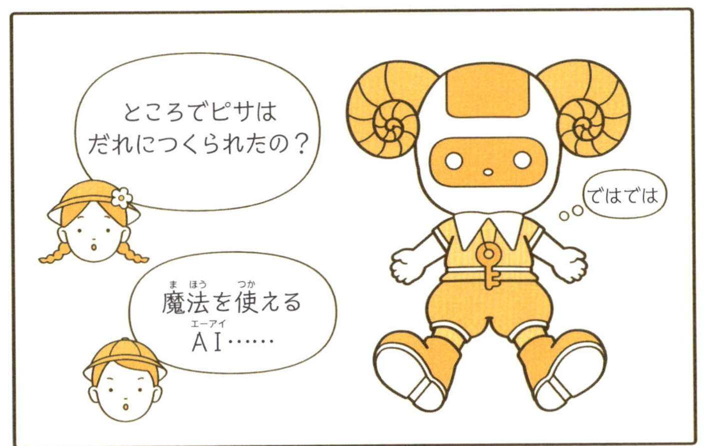
ところでピサは だれにつくられたの？
魔法を使える AI……
ではでは

ピカッ

やあ！

これがワタシの 本当の すがたなんだ
ニコッ

えっ ピサ？
AI…… 人間……!?

ずっと前の時代から ここに来たんだ
フィボナッチ数列を 研究したレオナルド・ フィボナッチの 化身なんだよ

ゆうれい？
おばけ？

……
……

ではでは

ピカッ

わあ！
きゃっ！

ピサが
パチッ
消えた

どこに行ったの？

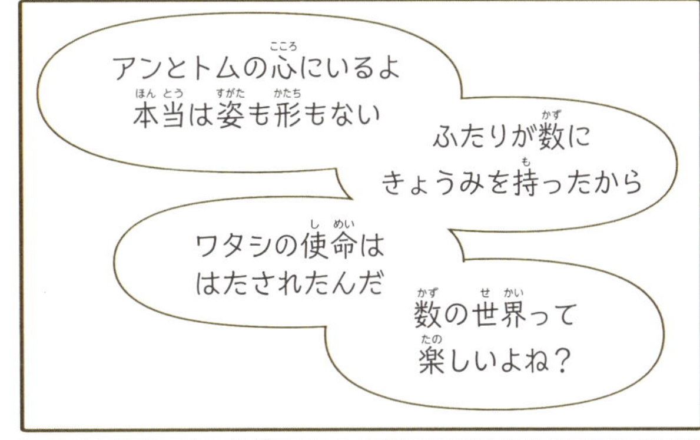
アンとトムの心にいるよ
本当は姿も形もない
ふたりが数に
きょうみを持ったから
ワタシの使命は
はたされたんだ
数の世界って
楽しいよね？

うん!!

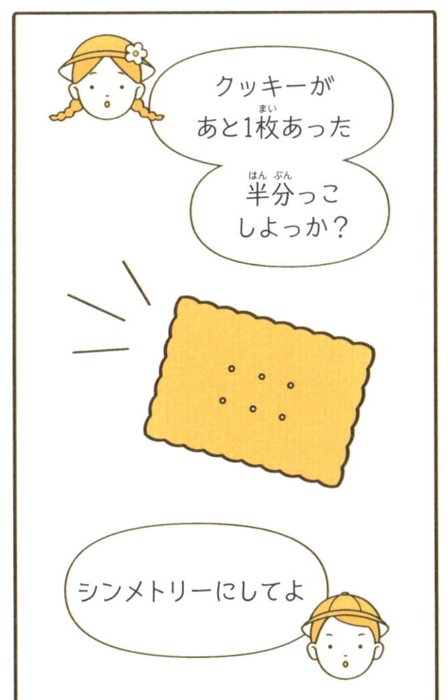
クッキーが
あと1枚あった
半分っこ
しよっか？
シンメトリーにしてよ

黄金比で
われた！
大きいほうが
ワタシね！

この本で出た
問題の答え

P30
地図記号だよ。タテの中心線でおって、ぴったりになるものはあるかな？

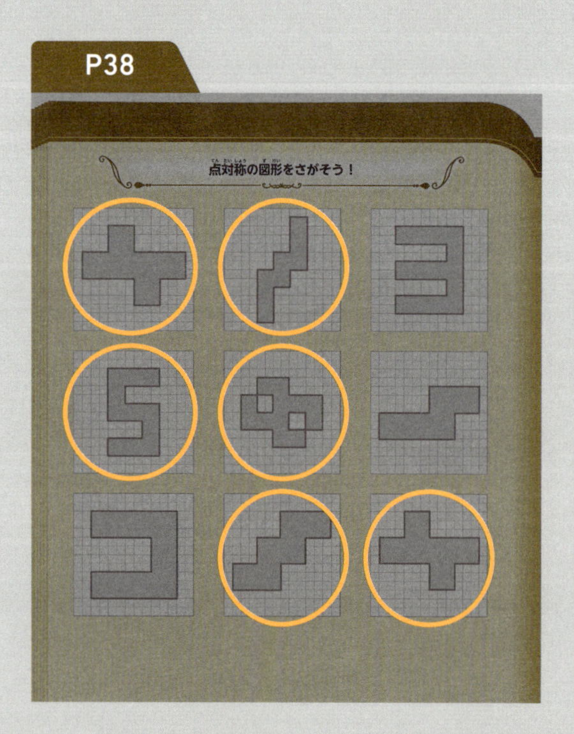
P38
点対称の図形をさがそう！

P39
シンメトリーをさがす旅
点対称のマークや記号、ものの形をさがそう！
頭をさかさにして見るとわかるね！

P41
シンメトリーをさがす旅
ピサチャレンジ
世界の国旗にシンメトリーがあるか見てみよう！
下にあるのは、いろいろな国の国旗だよ。この中で、左右対称でも上下対象でもあり、さらには点対称（180度回転しても同じ形）でもあるものを4つ探そう。 ※色は関係ありません。

P46
MANABIは発見！
アルファベットをシンメトリーでグループ分けしよう！
このページをコピーした紙にアルファベットを書いていこう！
A B C D E F G H I J K L M
N O P Q R S T U V W X Y Z
線対称だけのもの
A B C D
E M T
U V W Y
点対称だけのもの
N S Z
線対称と点対称の両方のもの
H I O X
シンメトリーではないもの
F G J K
L P Q R
⇒ 答えはP123

P97
フィボナッチ数列をさがす旅

1段目：「1段」のみ→1通り
2段目：「1段＋1段」「1歩で2段」→2通り
3段目：「1段＋1段＋1段」「1段＋1歩で2段」「1歩で2段＋1段」→3通り
1→2→3→5→8→13→21→34→55→ ?
答え 89

P23とp28-29は自分で確認してね！
P28-29は文字が入っているものは、
シンメトリーにならないよ。

下の絵を見てみんなはなにを思うだろう？

この絵は、8-9ページと同じもの。

最初に見たときは注意深く見なかったかもしれない。

でもこの本を読んで、この絵にも

「なにか数に関係していることがあるかもしれない」と

思うようになっているかもしれないね。

数の世界の楽しみは、

身のまわりをよくかんさつすることから始まるよ。

有名な数学者も“気づき”から

法則を発見していったのかもしれない。

数の世界にきょうみを持ったら、

算数や計算を勉強するのが、きっと楽しくなるよ。

参考文献

『フィボナッチのうさぎ: 数学探険旅行』(青土社)

『生き物たちのエレガントな数学』(技術評論社)

『黄金比: 自然と芸術にひそむもっとも不思議な数の話』(創元社)

『不思議な数列フィボナッチの秘密』(日経BP)

『フィボナッチ:自然の中にかくれた数を見つけた人』(さ・え・ら書房)

『シンメトリー:対称性がつむぐ不思議で美しい物語』(創元社)

『Balance in Design 美しくみせるデザインの原則』(ビー・エヌ・エヌ新社)

『算数の図鑑: 小学生のうちに伸ばしたい数&図形センスをみがく』(誠文堂新光社)

『波紋と螺旋とフィボナッチ』(KADOKAWA)

『フィボナッチの兎: 偉大な発見でたどる数学の歴史』(創元社)

『算数・数学で何ができるの?: 算数と数学の基本がわかる図鑑』(東京書籍)

『自然界に隠された美しい数学』(河出書房新社)

『Newtonライト2.0 数学の世界 図形編』(ニュートンプレス)

『いきもののカタチ 続・波紋と螺旋とフィボナッチ-多彩なデザインを創り出す
シンプルな法則』(Gakken)

『ドラえもん探究ワールド おもしろいぞ! 数の世界』(小学館)

『数式図鑑 楽しく、美しく、役に立つ科学の宝石箱』(講談社)

『考える力が身につく!好きになる 算数なるほど大図鑑 第2版』(ナツメ社)

『世界一ひらめく！算数&数学の大図鑑』(河出書房新社)

『眺めて作って楽しむ数学　～アートと数の絶妙な関係～』(技術評論社)

監修

横山 明日希

（よこやま あすき）

株式会社math channel代表。公益財団法人日本数学検定協会認定幼児さんすうシニアインストラクター。日本お笑い数学協会副会長。才教学園小学校・中学校STEAM 教育アドバイザー。2017年、科学技術振興機構主催のサイエンスアゴラ賞を受賞。著書に『文系もハマる数学』（青春出版）、『10歳からのおもしろ！フェルミ推定』（くもん出版）、『眺めて作って楽しむ数学　～アートと数の絶妙な関係～』（技術評論社）など。早稲田大学大学院数学応用数理専攻修了。老若男女問わず幅広く数学・算数の楽しさを伝える「数学のお兄さん」として活動。

マンガ・イラスト

ここま まこ

デザイン

萩原美和

カバーデザイン

関根千晴（スタジオダンク）

編集

セトオドーピス

写真

PIXTA、photolibrary、photoAC

世界をつくる数のはなし
「うつくしい」に隠れた秘密をみつける旅

2025年4月10日　第1版・第1刷発行

監　修　横山 明日希（よこやま あすき）
発行者　株式会社メイツユニバーサルコンテンツ
　　　　代表者　大羽 孝志
　　　　〒102-0093東京都千代田区平河町一丁目1-8
印　刷　株式会社厚徳社

◎「メイツ出版」は当社の商標です。

ご意見・ご感想はホームページから承っております。
ウェブサイト　https://www.mates-publishing.co.jp/

企画担当：清岡香奈